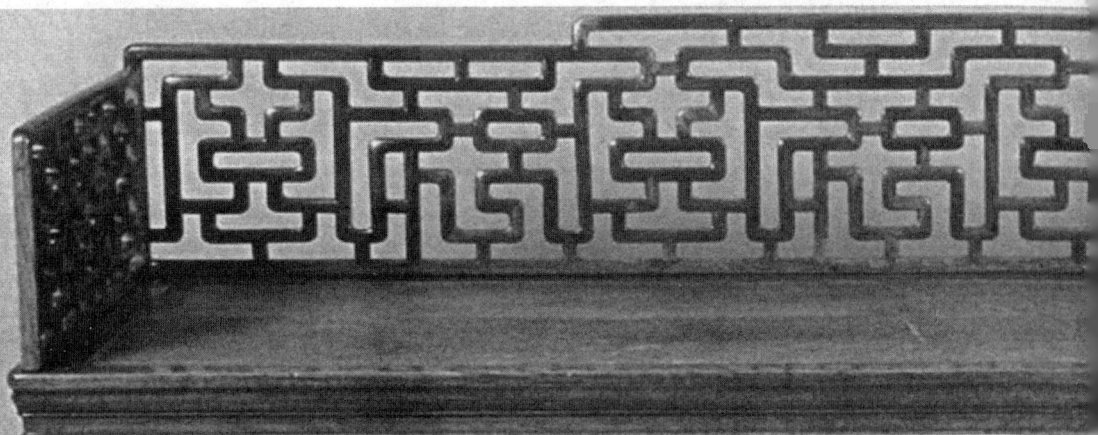

Zhongguo Wenhua
Zhishi Duben

中国文化知识读本

明代家具

主编
金开诚

编著
郭培培

吉林出版集团有限责任公司
吉林文史出版社

图书在版编目（CIP）数据

明代家具 / 郭培培编著. —— 长春 ：
吉林出版集团有限责任公司 ：吉林文史出版社，2009.12 （2023.4重印）
（中国文化知识读本）
ISBN 978-7-5463-1957-5

Ⅰ. ①明… Ⅱ. ①郭… Ⅲ. ①家具-简介-中国-明
代 Ⅳ. ①TS666.204.8

中国版本图书馆CIP数据核字(2009)第237190号

明代家具

MINGDAI JIAJU

主编/ 金开诚 编著/郭培培
项目负责/崔博华 责任编辑/曹 恒 崔博华
责任校对/王明智 装帧设计/曹 恒
出版发行/吉林出版集团有限责任公司 吉林文史出版社
地址/长春市福祉大路5788号 邮编/130000
印刷/天津市天玺印务有限公司
版次/2009年12月第1版 印次/2023年4月第3次印刷
开本/660mm×915mm 1/16
印张/8 字数/30千
书号/ISBN 978-7-5463-1957-5
定价/34.80元

前　言

　　文化是一种社会现象，是人类物质文明和精神文明有机融合的产物；同时又是一种历史现象，是社会的历史沉积。当今世界，随着经济全球化进程的加快，人们也越来越重视本民族的文化。我们只有加强对本民族文化的继承和创新，才能更好地弘扬民族精神，增强民族凝聚力。历史经验告诉我们，任何一个民族要想屹立于世界民族之林，必须具有自尊、自信、自强的民族意识。文化是维系一个民族生存和发展的强大动力。一个民族的存在依赖文化，文化的解体就是一个民族的消亡。

　　随着我国综合国力的日益强大，广大民众对重塑民族自尊心和自豪感的愿望日益迫切。作为民族大家庭中的一员，将源远流长、博大精深的中国文化继承并传播给广大群众，特别是青年一代，是我们出版人义不容辞的责任。

　　本套丛书是由吉林文史出版社和吉林出版集团有限责任公司组织国内知名专家学者编写的一套旨在传播中华五千年优秀传统文化，提高全民文化修养的大型知识读本。该书在深入挖掘和整理中华优秀传统文化成果的同时，结合社会发展，注入了时代精神。书中优美生动的文字、简明通俗的语言、图文并茂的形式，把中国文化中的物态文化、制度文化、行为文化、精神文化等知识要点全面展示给读者。点点滴滴的文化知识仿佛颗颗繁星，组成了灿烂辉煌的中国文化的天穹。

　　希望本书能为弘扬中华五千年优秀传统文化、增强各民族团结、构建社会主义和谐社会尽一份绵薄之力，也坚信我们的中华民族一定能够早日实现伟大复兴！

目录

一、明代之前家具的诞生和发明历程

中国的古典家具在悠久的历史文化中自成体系，具有特有的民族风格。家具是人们生活的一部分，是衣、食、住、行中"住"的关键环节，人们无论是工作、学习、休息，或坐或躺，都离不开相应的依托。家具是我国民族文化遗产的重要组成部分，伴随着人类的脚步，从远古走向今天，就像对人类生活的另一种诠释，演绎着中华文明的进程。从原始状态，到绚丽多彩的清代家具，中间经历了无数次的更新。中国古代家具的发展史是与时代前进的步伐分不开的。在这种变化与发展的过程中，随着时代与地域的不同而形成了各种各样的风格。无论是简单而粗

精美而雅致的古典家具

糙的原始家具、神秘而笨拙的商周家具、浪漫而神奇的矮型家具（春秋战国、秦汉时期家具），还是婉约而俊秀的渐高家具（魏晋南北朝时期）、妍润而华丽的高低家具（隋唐五代时期）、简洁而隽永的宋元家具、精美而雅致的明代家具、雍容而华贵的清代家具，都以其富有的独特美感在世界家具史上绽放着永恒的魅力。

客厅内的家具摆设

中国古典家具的形式从使用自然石块堆砌的原始雏形逐渐演变成为高度成熟兼具实用和审美价值的风格形态。我国的古典家具发展历史可以分为五个部分：家具的启蒙期（原始社会时期）、前期（商周—秦汉时期）、过渡时期（魏晋南北朝、隋唐）、后期（北宋、元）、鼎盛时期（明、清）。

（一）启蒙期家具：原始社会（远古时期——公元前 21 世纪）

所谓的"家具"，最简单的解释便是"家中之具"，那么有"具"，必先有"家"。人类发展初始阶段的居住场所是什么样的呢？《庄子·盗跖》记载："古者禽兽多而人少，于是民皆巢居以避之。昼拾橡栗，暮栖木上，故命之曰'有巢氏之民'。"可

树屋

见人类最初是居住在树上，这种"栖巢居树"的生活方式，没有固定成型的"家"，自然也谈不上家具。人类不断地演进发展，从"树居"逐渐过渡到夜宿于天然的洞穴之中。原始人类以树桩、树墩、石墩做座，为了避免潮湿的侵袭，用茅草、树叶或兽皮为席，它们可以说是人类最原始的"家具"。

草席

旧石器时代晚期，人类逐渐学会结草成席、缝皮成衣等一系列缝纫和编织技术。这些编织而成的草席，缝制而成的皮褥，已是形体比较固定的坐卧用具。距今一万年前后的新石器时代初期，人类已经进入相对稳定的定居生活。但仍由于当时受限的生产力与生产工具，人们还没有能力用

彩绘棺床

石器加工成型的木器家具。只是偶尔用较平的石板或木板直接陈设在地面上用于切、放食物。

新石器时代中后期，象征"死者之家"的木棺与棺床出现，虽然它们并不是生者的"家具"，但由此可以看出当时已经具备了生产木器家具的条件。因此，可以推断最原始形态的床至少在大汶口文化阶段就已经出现了。随着生产力和生产工具的渐趋发展，在距今4200—4500年左右，山西襄汾陶寺龙山文化墓地中发现了大量的彩绘家具。从器物痕迹辨认出随葬品已有木制长方平盘、案、俎等，这是迄今发现的中国最早的木家具。这一考古发现，填补了中国家具历史远古时期的空白。

原始家具虽然粗笨，但却充分地证实了我国漆木家具的悠久历史。处于启蒙时期的建筑技术、编织技术以及彩绘工艺为原始家具的发展奠定了技术基础。尚处在幼年时期的家具艺术形态里却沉睡着最古老的席、木案、木俎等，这些初级的家具制作开启了家具艺术历史长河的源头。

（二）前期家具：（夏商周秦汉）

公元前 21 世纪时，中国第一个奴隶制王朝夏朝建立，随着华夏文明的出现，中国家具出现黎明期。早期的夏商文明仍然尚未拥有发达的漆木家具。商周到秦汉时期以席地跪坐方式为中心的家具，一般称为前期家具。

商朝是我国青铜器的高度发达时期，加之周朝手工业种类繁多，必然出现早期的青铜家具。商代青铜器中有不少雕饰精美的禁、俎之类的家具。禁是铜台，用以盛放酒器或食器。俎在商朝是一种礼器，形如小凳，用以切肉，面有小孔，以漏汤汁。这些青铜礼器与后世家具相对照，可看出，这些禁、俎等实在可谓桌案类家具之始祖。

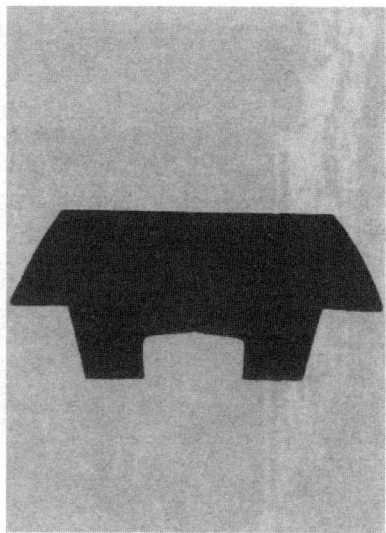

青铜俎

司母戊大方鼎

家具在此时主要用于祭祀、礼仪和大型宴饮。这类青铜器在殷墟和商代方国大墓中都有发现，例如：殷墟前期的司母戊大方鼎、妇好墓的三联甗等，都是为祭祀和陈设专门铸造的贵重"家具"。

春秋战国时期，青铜器的制作技艺得到很大发展。另外随着木工家具鼻祖鲁班的出现，这时期的漆木家具逐渐兴起。在木材加工方面，板料的结合，较夏商时期更为紧密，

髹漆彩绘工艺被越来越多地应用。从陕西
宝鸡西周时期渔国墓地以及春秋时期的黄
君夫妇墓的彩绘棺椁结构及彩漆木板车厢
形制上看，当时彩绘漆床已经出现。春秋
战国是木制家具的大发展时期，有俎、几、
案、床、屏风、架、箱等若干种。

秦汉时期处于封建社会的上升时期，

木工家具鼻祖——鲁班

建筑、家具工艺显著进步。秦始皇修建阿房宫，以及汉朝大规模建造宫殿、庙坛，从侧面推动了家具的大发展。商周到秦汉时期跪坐是人们主要的起居方式，因而是我国低矮型家具的大发展时期。席与床榻是当时室内陈设的最主要家具。床榻在当时人们生活中使用之广可以从秦汉时期的绘画、壁画中看出，它不仅只限于睡眠之用，人们办公、议事、聚餐、会友都在床榻之上。秦汉围绕矮型床和榻也使得床前的几、案应运而生。从秦汉的砖石画像上，可知屏风在此时已得到广泛使用，造型多为两面形和三角形，一般多用于装饰。大约在东汉后期，随着与西域各国交流日益频繁，"胡床"传入中原，这

古代屏风

边柜

种坐具使得人们由席地而坐渐渐变为垂足而坐，这也为墩、椅等高型家具的出现奠定了基础。汉代时期，橱柜也有所发展，前期类似近现代的衣箱，后期又产生了立柜。

（三）过渡时期家具：（魏晋南北朝、隋唐）

魏晋南北朝至隋唐这段时期是我国古典家具由低矮型向高足家具发展的过渡时期。此时，少数民族大量进入中原，各种文化得到充分交流和融合。佛教将异域文化带到了中原大地，天竺佛国的大量高型家具传入，垂足而坐的生活方式开始与中原低矮家具融合，中原出现了许多高于传

矮圈椅

统铺地家具的新型家具。以前坐卧用的床榻和床沿也开始增高，人们可以垂足坐在床沿上。从晋朝顾恺之的《女史箴图》《洛神赋图》中可看到，当时已有矮榻；敦煌壁画中，圆墩、凳、椅、床榻等家具的尺度已加高。在许多的石窟壁画上，佛与菩萨的坐具佛座（墩），造型千姿百态。这些佛座丰富了我国家具品种，特别是对凳类家具的发展起了关键作用。椅、墩、凳这三种新的高型坐具，都是由天竺传到我国的新型家具。胡床在此时已经普遍使用了，从敦煌壁画中可见到坐两人的双人胡床。

隋唐五代时期，是我国封建时代的极盛时期，经济发达。同样，此时家具继承了从席地坐到垂足坐的高足家具过渡，又迎来了一次发展大高潮。这种演变在盛唐时开始迅速加快，在两宋时期低矮家具向高型的过渡最终完成。隋代家具的变化较魏晋时期不是很大，而唐代家具则有着鲜明的特色，它造型浑圆、丰满，装饰清新、华丽，呈现出一代华贵气派。唐代的帝王将相普遍信奉佛教，故出现了大量佛教文化与汉文化高度融合的新家具。从佛国传入中原的四足方凳，摆脱了直腿无撑的原始状态，创造出众多形式的方凳、长凳等等。尤其是作为唐代家具师的伟大创造月牙凳和承袭前代的腰鼓形墩备受青睐，此时高型家具并未普及，席地坐仍是大多数人的习俗。至五代时，高足家具在品种、类型方面都已基本齐全。床榻在隋唐时期依然是人们的活动中心。这一时期的床榻继续增高，床榻两侧和背后有画屏。屏风是唐代人情感的载体，在唐代人的生活中占有很重要的地位。

唐代屏风

（四）后期高型家具：（北宋、元）

公元 960 年，后周大将赵匡胤夺取政权，建立宋朝。宋代是中国家具史上空前

《秋庭婴戏图》中百姓常用的家具

的发展、普及时期，彻底完成了中国古代家具从低矮型向高足型家具的过渡。从宋苏汉臣的《秋庭婴戏图》中可以看到一般百姓家庭亦已使用高型家具，垂足而坐已成为人们主要的生活方式。宋代家具的结构、装饰、用料都开始变得更加多样化，家具品种也已基本齐全，例如：桌、案、床、榻、椅、凳、墩、箱、柜、架类、屏风、镜台、凭几等等。

仅桌子这一类家具就有交足式折叠桌、圆桌、半圆桌，还有较矮的炕桌、炕案等。另外，还出现了一些新型专用桌具，如对弈用的棋桌、进食用的宴桌等。宋代的床榻在造型上基本保留了汉唐时期的遗风。椅子在两宋时期的种类也已趋于齐全，造型结构及装饰工艺也相当成熟，除了沿用前代式样外，还创造出背靠椅、扶手椅、圈椅、交椅等。宋代的箱的样式和品种比以前更为丰富，已有了四方行李箱。宋代柜的形体一般比较大，柜下设有足座且柜门多用锁。架类家具在当时十分流行，主要的有衣架、镜架、灯架等。两宋时期的屏风主要沿袭了前代的样式，但在造型上却更为精美，以插屏最为常见，而且常在插屏足座施以"抱鼓"，即在座墩之上的鼓状物。宋代最引人注目的发明是"燕几"，南宋文人雅士黄伯恩写的《燕几图》可谓中国第一部组合家具设计图。"燕几"由七件构成，有一定的比例规格，它的特点是可以随意组合，功能多样、雅趣无穷，适合于上层社会的贵族饮宴、书画、琴棋、吟诗等多种场合使用，可以说是开世界组合家具之先河。宋代家具的结构与造型得到了很大的改进，造型轻巧，线脚处理丰富。

公元 1279 年，元灭南宋，宣告了一个多世纪的南北对峙局面的结束，各地之间的产品和生产技术得到交流。元代家具形制在宋代的基础上，加以修改，形成自己的特点：物体庞大，装饰简略，色彩艳丽。另外，元时期各民族杂居、沟通、融合，也使得家具特色体现了一定的异族生

《燕几图》局部

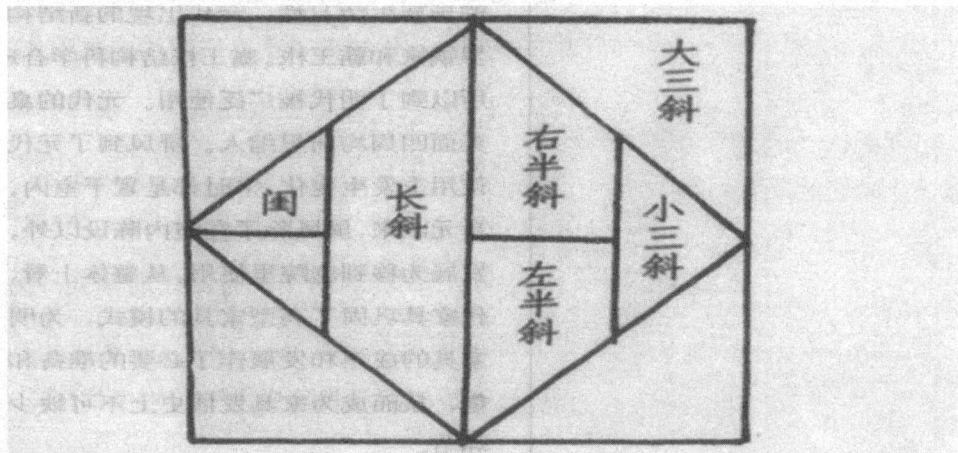

四平霸王枨方桌

活习性。元代出现的新结构是罗锅枨和霸王枨。霸王枨结构科学合理，所以到了明代被广泛使用。元代的桌子桌面四周均向里缩入。屏风到了元代在使用上发生变化，宋时都是置于室内，但自元以来，屏风除了在室内陈设以外，又发展为移到庭院里使用。从整体上看，元代家具巩固了高型家具的模式，为明代家具的成熟和发展作了必要的准备和铺垫，从而成为家具发展史上不可缺少的环节。

二、明代家具——东方之珠

（一）明代家具之母

公元 1368 年，朱元璋领导起义军推翻元政权，建立明朝。明初，封建统治者采取屯田、兴修水利、减免赋役等一系列措施，恢复经济，发展生产。经过三十余年的整治，明朝成为我国历史上又一个极其重要和强盛的时期，家具制作也随着 15 世纪初期的繁荣进入了鼎盛、高峰时期。我国家具在此时已经过不断变化、演进和发展，形成了鲜明的时代特色和丰富多彩的风格。明代在家具种类、造型结构、制作工艺和装饰手法方面均取得了辉煌成就。

明代成为孕育一代精英家具的母体，这

明代方桌

明代填漆戗金龙纹罗汉床

些家具的精美都源于这个母体。明代能成为中国晚期古典家具发展的黄金时代主要有以下几个因素：

第一、历史的沉淀：明式家具集数千年家具艺术之大成，是古代劳动人民在长期实践中智慧的结晶，从夏、商、春秋、秦汉家具的低矮型时期的发展，到魏晋、隋唐的过渡时期，最后经过宋、元垂足家具基本定型，千年的历史沉淀创造了高超

明代紫檀藤心矮圈椅

的制作工艺和精美绝伦的明式家具。

第二、社会经济、手工业的进步：在明太祖朱元璋休养生息的政策下，商品经济取得了长足发展并出现了资本主义萌芽。社会经济促进生产得到发展，手工业也得到了较大的进步。工匠从工奴手中，得到些许自由，在为官方服役之外，可以将制作的产品拿到市场上出售，这就极大地调动了广大工匠的积极性和主动性。同时木作匠师的技术也得到广泛的交流和不断提高。

第三、专业文献与技术书籍诞生：资本主义萌芽与相应的新文化科学产生，在前代

技术经验与当时生产实践积累的基础上，诞生了一批专业文献和技术书籍。例如：著名科学家宋应星撰写的有关手工业方面的著作《天工开物》；北京提督工部御匠司司正午荣汇编的总结家具大师鲁班一生的实践和科学理论的著作《鲁班经》，还有《髹饰录》《长物志》《园冶》等等。这些专业书籍的出现，使明代家具进入一个新的发展阶段。

第四、住宅和园林的建设：明代农业和手工业的高度发展，使许多大、中、小城市得到发展。另外，统治者和大官僚地

明代红漆嵌珐琅面梅花式香几

主为了满足物质与精神上的享受，促使园林、住宅、建筑业有了很大提高。建筑是表，家具是里，大量建造的新府第需要大量家具以充其内，这样就极大地推动了家具业的发展。

第五、海外贸易的发展：明代重视海外贸易，郑和下西洋从盛产高级木材的南洋诸国运回了大量的花梨、紫檀木、杞梓、楠木等家具原料。这些高等木材的进口，也是促进明代细木家具发展的条件。

（二）明代家具之体

家具发展到明代中期，在国内外均享有

盛名，其突出特点是非常注意木材的质地。此阶段所用的木材多产于热带，质地坚硬，色泽纹理优美，可分为硬木和柴木两类。紫檀、花梨、红木、铁力木、鸡翅木、乌木等属于硬木，楠木、榉木、榆木、樟木、桦木等为柴木。

明代流传至今的珍贵家具中最常用的是紫檀木、花梨木和红木，素有"雅紫香梨富贵红"之说，这里简单介绍一下：

"雅紫"，紫檀木是名贵木材，主要产于南洋群岛，我国两广、云南有极少产量。紫檀奇缺稀少、价格高昂，自古以来被认为是木中之最。紫檀成材周期一般在 500 年以上，且成材率极低，素有"十檀九空"之说。紫檀材质致密坚硬，密度较大，入水则沉，色调从深黑至紫红，纹理纤细浮动，有不规则的牛毛纹，微带有芳香。紫檀因其质地如缎似玉、色泽耀眼逼人、深沉古雅、不事雕饰，表现出庄重大方、古朴沉静的气质风度。明代，紫檀家具为宫廷所垄断，主要用于制作高级家具和精巧器物。它代表中国古典家具的最高制作水准，集能工巧匠智慧之大成。

"香梨"，黄花梨是明代高级家具的主

紫檀木家具一角

要用材。主要产于云南、亚洲南部以及南洋诸岛。黄花梨由浅黄到紫赤，总色调偏暖，给人以温暖感和亲切感。在众多制作家具的木材中，黄花梨色泽独特，给人的视觉感受十分突出。黄花梨木材的纹理活泼、自然，有的呈现出行云流水的视觉效果，有的呈现出层叠山峦的形态，千变万化。特别是黄花梨木常有活节活疤，且形态各异，或像猴头，或像鬼脸，皆活泼可爱。另外，黄花梨俗称"降香木"，被锯解开后清香扑鼻。制成家具后，放在室中，随着时光渐渐流逝，慢慢释放出一种香气，使其拥有者有着一种高品味的嗅觉享受。另外黄花梨的最大的优点是内应力

黄花梨圈椅

雕饰极尽奢华的木柜

小，遇湿遇干，遇冷遇热，抽胀不大。明代此木为皇家所珍视，较考究的木制家具多用黄花梨制成。匠师充分发挥了其木质纹理的自然美，大多采用素光手法而不加雕饰，从而突出了木质纹理的自然美，给人以文静、柔和、素雅的感受。

"富贵红"，红木主产于印度，我国广东、云南也有生长。木质的坚硬度和重量，仅次于紫檀，是常见的名贵硬木。老红木近似紫檀，木色呈深红或黑红色，纹理细密光滑，表面光泽华丽，并有轻微香气。新红木颜色赭黄，有花纹，外观似黄花梨。由于明清之际优质硬木材日渐匮乏，故以

铁力木镇纸

红木为用材的家具品种、数量逐渐丰富，且在民间使用极其广泛和普遍。

"铁力木"，原产两广和东印度，色泽紫黑，有花纹，质地坚硬且沉重。不少明代大件家具都以铁力制成，经常被用于柜橱后背板、抽屉板等。

"鸡翅木"，产于广东、海南，为名贵木材，有硬木中之硬木之称。鸡翅木木制纹理白质黑章，色分棕红、深褐、紫褐，它的色泽在纵切面纤细浮动，具有禽鸟颈翅般灿烂闪烁的光辉。鸡翅木风格简洁，用料较小，典型明代鸡翅木家具大料非常稀少。

"楠木"，为常绿乔木，在我国的湖北、湖南、云南、广西、四川等地皆有此树种。

楠木分三种：香楠、金丝楠和水楠。香楠呈微紫色并带有清香，纹理美观；金丝楠产于川涧中，因木纹里有金丝而得名，为楠中上品；水楠色清，质软，多用于制作家具。楠木在明代家具中多作为箱、柜、几、案、桌椅等的原料。

石材在传统家具中属附属材料，明代家具选用各种优美的石材用于镶嵌桌面、柜门或屏风板心，家具上常见的石材有以下几种：大理石、永石、南阳石、土玛瑙石、湖山石、川石。

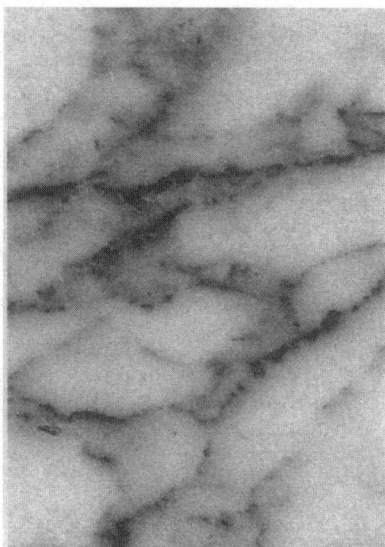

大理石石材

"大理石"，出自云南大理，质为白，上有青纹称为"青山"；绿纹则称之为"夏山"；黄纹称为"秋山"。以白如玉黑如墨和构成天然山水人物鸟兽之形的为上品。明代家具中常用来镶几、榻、屏风等。

"永石"，出自湖北祁阳，板材可镶桌面，大者可制作屏风。"土玛瑙"产于山东，纹似玛瑙，色泽红润，质坚，可嵌桌、台、案、几、屏、榻等等。

（三）明代家具之饰

明式家具一向以朴素简洁著称，但即使是简洁，也并不是没有装饰，相反，明

明代黄花梨一腿三
牙罗锅枨方桌

式家具的装饰别具一格，为结构装饰和纯粹
的装饰两种。所谓"结构装饰"，是指这些
家具部件不仅具有支撑作用，而且其本身又
具有美化、装饰作用，如家具上的牙子、券口、
圈口、档板、矮老、卡子花等。另外还有如
罗锅枨、霸王枨、十字枨、托泥等，它们除
了一些有支撑、连接、填补的功能外，主要
是为了装饰和点缀。还有就是"纯粹的装饰"，
如雕刻、镶嵌、线形等，最普遍的是在家具
的显眼部位的雕刻装饰，工精意巧，构图灵
活，形象生动且层次分明，起到很强的艺术
效果。

　　"结构装饰"主要结构部件的使用大多
仿效建筑的形式，如"牙子"，是指在家具
的立木和横木交接处起连接、支撑的部件。

这些有着艺术造形的牙子种类繁多，常见的有云纹牙子、凤纹牙子、卷云牙子等。这类富有装饰性的牙子，在结构上起着承托重量、加强牢固的作用又美化装饰了家具。"卡子花"是安装在两条横枨之间的花饰，起两条横枨之间连接和牢固作用，其大多数是用木材镂雕的饰样，常见的有双环卡子花、单环卡子花、枫叶卡子等。"档板"，即在桌案的两侧、前后腿之间镶嵌的各种装饰板，主要连接前后腿，发挥着装饰与结构相统一的作用。常见的有云头档板、字档板、葫芦档板、灯笼档板等。"券口与圈口"，就是镶嵌在家具四条立柱之间的镶板，起到支撑横木和立柱的作用。"券口"是在上、左、右三面的镶板；"圈口"

雕饰精美的牙子

卷书式搭脑椅

是在上、下、左、右四面的镶板。常见的有
鱼肚券口、海棠券口、壶门券口等。因圈口
下边有一道朝上的牙板，故在使用中会受到
一定限制。尤其是正面，在人身体和手脚经
常磨擦的地方，很少有朝上的装饰出现。在
众多的家具中，凡使用这种装饰的，都装在
侧面或人体不易接触的地方，如翘头案腿间
的圈口、书格两侧的亮洞等。"枨子"，是连
接家具四腿之间的横向的结构部件。明代家

明代黄花梨有束腰十字枨方凳

具的枨子摆脱了直枨的基本形式，而重于装饰作用。常见的有罗锅枨、霸王枨、十字枨等。"托泥"，就是在家具的四腿下端安装的底框，既使四腿不落地，同时也起到了加固四腿的连接与稳定作用。"龟足"是安装在托泥下面小巧的、如同龟一样的小足，这种龟足，既有装饰性，又起到通风的作用。

"金属饰件"也在很大程度上为明式

明代木柜

家具增添了风采，金属饰件的运用是明代家具装饰的一个独特的特点。早期及民间多用白铜或黄铜制成，晚期至清前期则用红铜镀金。根据柜、箱、橱等家具功能的要求配置金属饰件，起到了保护和美化的作用。明式家具的饰件种类有：合页、面叶、拍子、扭头、吊牌、曲曲、眼钱、包角、套腿、提环等。在大面积的柜橱上，闪烁发光的金属饰件，放射出奇异的色彩。饰件的样式也是千变万

化、眼花缭乱的，形状非常丰富，有长方
形、如意形、海棠形、环形、桃形、葫芦
形、蝙蝠形等。这些光彩夺目、形式多样、
造型优美的金属饰件镶在花梨、紫檀、鸡
翅木等色调柔和、木质纹理优美的家具上，
形成不同色彩、不同质感的强烈对比，且
有保护家具的作用和耐久使用的功效。

　　明代家具"结构装饰"的另一个特点
是"以线为主"，它使得明代家具造型简练，
线条流畅，比例匀称。明式家具的许多构
件本身就是线形。王世襄先生的《明式家
具研究》一书，用"线"的术语就有很多

明代黄花梨束腰鼓
腿彭牙大方凳

雕饰精美的柜子

条，如：边线、拦水线、灯草线、瓜棱线、脊线、起边线、起线、委角线、线雕、线脚等等。就拿椅背最上面的横木——搭脑来说，其线形的起伏变化丰富，或翘或垂、或仰或倾、或出或收、或曲或直、或刚或柔，各具神韵。

明代家具的装饰极为精致，装饰材料有木材、玉石、大理石、竹材、螺钿和珐琅等，装饰手法以雕刻、镶嵌为主，这也是纯粹的装饰中最常用的两个手法。装饰部位常常仅限几处，处处是点睛之笔，决无堆砌雕琢之嫌。

明式家具的雕刻手法有毛雕、平雕、浮雕、圆雕、透雕、综合雕、阳阴刻等。明代家具雕刻装饰题材主要有植物花卉类、飞禽走兽类、几何雕刻装饰类、吉祥寓意类以及山石、人物、流水、村居、楼阁等风景题材类等。它的风格特征概括起来是：线条挺秀、洗练利落、刀法简练、层次分明、转折灵活、光滑润泽、虚实相称、疏密适度、造型完整、形象生动。明代家具在生产过程中文人的大量参与使得雕刻装饰图案渗透了深刻的文人意识、美学观念、哲学思想，具有浓厚的文人气质。另外，明式家具雕刻装饰图案题材最突出特点就是大量采用带有吉祥寓意的题材，如方胜、盘长、万字、如意、曲尺、连环等，它的寓意雅逸，颇有"明式家具"的风范。

造型简洁的圈椅

（四）明代家具之魂

中国家具发展到 15 至 17 世纪出现了一个高峰，因这一样式始于明代，故习惯上把这一时期的家具均称为"明式家具"。明式家具设计巧妙，制作精美，种类繁多，大体上可分为坐卧用具、承置用具、贮藏用具、张设用具等四大类，家具名称百数十种。明代家具凝聚了历代木工匠师的智慧和创造才能，放射出灿烂的光芒，形成了简练优美的独特风格。它的艺术风格通常的说法是"精、巧、雅"三字。

"精"，指严格选材，制作精湛。明式家具注重材料美，运用优质木材并且利用木材本身的色彩、纹理，不用油漆就足以充分显示出自然的材质美。另外，明代家具在工艺上，采用卯榫结构，合理连接，使家具坚实牢固、经久不变。明代家具注重结构美，表现在制作工艺上严格精细，能做到方中有圆、线脚匀挺、滋润圆滑、平整光结、拼接无缝。家具在制作时尽量不用胶和钉，主要

明代黄花梨裹腿加卡子花方凳

简洁古朴的明代方桌家具

用榫卯结构，不同的部位采用不同的榫卯。根据不同的需要和要求采用多种不同的卯榫，坚固牢稳，木作巧匠能做到"三尖合一点"（指卯榫），表现了家具制作的高度技巧。榫的种类很多，有明榫、闷榫、格角榫、燕尾榫、夹头榫等等。

"巧"，即做工精巧、设计巧妙。明式家具注重造型美，造型浑厚洗练，稳重大方，比例适度，线条流利。明式家具做工十分精巧，大的平面多数采用攒边的作法，颇具特色。它是在四边用四十五度格角桦攒起来，中心板四周出桦装入四边的通槽，这不仅使木板的结构加固，而且使用伸缩

明代黄花梨无束腰
长方凳

的余地，也可使木板不露截板纹，增加了美观。明代家具的造型的设计也非常精巧，它重视与厅堂建筑相配套，家具本身的整体配置也主次井然，十分和谐。另外家具的长、宽、高等比例非常协调且基本符合人体体形的尺度，例如：明代的床榻，使用者坐在上面倍感舒适，躺在上面颇感安逸，陈列在厅堂里既可装饰环境，又起到填补空间的巧妙作用。很多明式家具还反映出士大夫的要求水准。例如：有的椅子座面和扶手都比较高宽，这是因为封建统治阶级要求"正襟危坐"，

以示他们的威严。明式家具的"二巧"使
得它格外隽永古雅、优美舒适、纯朴大方，
实现了形式与功能的完美统一，被誉为我
国家具设计史上的顶峰杰作。

"雅"，即是风格清新、素雅、端庄。
雅，是一种文化，既是"书卷气"，同时
又是一种美的境界。明代文士崇尚"雅"，
达官贵人和富商们也附庸"雅"，他们是
明式高档家具主要的使用者，他们必然将
自己的高雅境界和审美趣味融入到家具的
设计中。由于明代很多居住在苏州的文
人、画家直接参与造园艺术和家具的设计
制作，工匠们也迎合文人们的雅趣，所以，
形成了明式家具"雅"的品性。以致明式

明代家具上的精美
雕饰

明代屏风

家具无论是在造型上、材料上、装饰上、工艺上都体现出传统文人文化特有的追求：自然而空灵、高雅而委婉、超逸而含蓄的韵味，透射出一股浓郁的书卷气。雅在家具上的体现，注重装饰美和意境美。在装饰美方面，明代家具装饰简洁，不事繁琐雕琢，装饰线脚简练细致，色泽上清新自然、朴实无华。在意境美方面，明代家具巧而得体，精而合宜；适用，耐用；色调深沉，质感坚实，情趣高尚；造型简练、装饰朴素，无矫揉造作之弊。明式家具被称为"文人家具"，其中沉淀着丰富的文化底蕴，暗含着我国传统的审美取向，蕴含着文人雅士的所思所想。欣赏明式家具，要有文人的情怀，才能真正体会个中滋味。

明代巨匠们选取大自然之良木精华，创造出美轮美奂的中国传统家具奇葩——明式家具。更令人难以置信的是在明式硬木家具里，动与静、简与繁、曲与直、实与空、稳与变、柔与刚等一对对似乎无法调和的矛盾像被融化了一样，一切都变得如此和谐，散发着令人无法抵挡的美之诱惑。在这具有"东方艺术明珠"美称的明式家具中，中国人的

三、坐卧用具

智慧和对美的追求被论述得淋漓尽致。

（一）坐卧用具的前期发展

在古代众多的家具中，坐、卧用具是紧密联系的。坐卧用具型式的演进与古代人们的坐姿紧密相关，汉代以前以"屈腿坐"为主导的低型坐具，而汉代以后则逐步形成以"垂足坐"为主导的高型坐具。这些坐卧用具是人们日常生活中最具代表性的家具，它的演进历程大抵可以分为坐草叶羽皮、坐编织席褥、坐床、坐榻、坐凳、椅、墩等几个阶段。

从穴居到室居，古人在一个相当漫长的历史进程中主要采用的是"席地而坐"的生活方式。古代最早的坐具就是"席子"，早在旧石器时代晚期，编织而成的草席、缝制而成的皮褥作为早期坐卧用具就已登堂入室

信阳楚墓出土的大木床简图

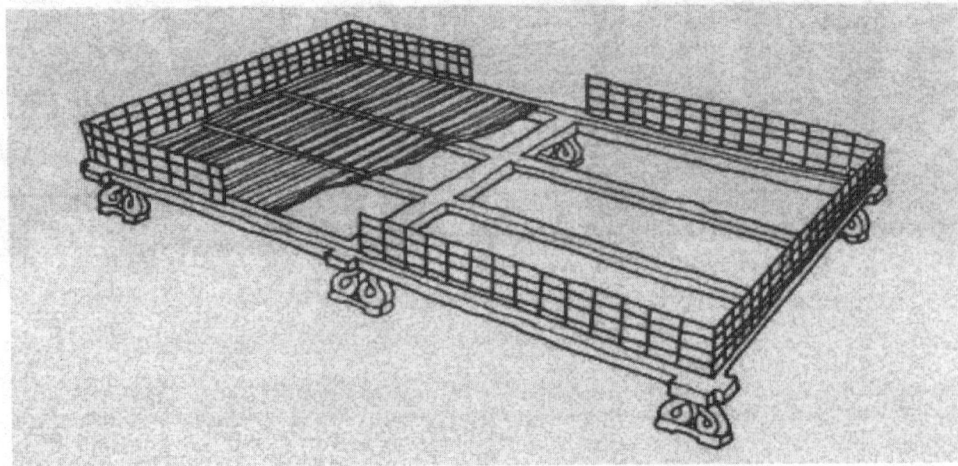

了。古代贵族坐用的席子非常讲究，在周朝的制度中，不同质地、颜色和工艺形式的席使用和陈设方式均按等级身份而各有不同。

稍晚于席子的低型坐具是"床"。床的历史可以一直追溯到原始社会，其雏形早在新石器时代就已经出现。但出土的床年代一般多在春秋以后，战国时期的信阳楚墓和包山楚墓出土的两件床是至今出土的年代最早、最完美的床具。在当时，床是一种坐卧兼用的家具。

席与床虽然都兼具坐卧功能，但战国中晚期之后，床代替席满足了上层贵族追求物质享受的需要，并且更好地显示出统治者地位的高贵。可是床虽可坐，但毕竟不是会客之所。为弥补此需，"榻"作为

家具上精美的雕饰

一种时尚的专用坐具应运而生了，且在汉、魏、晋时代的统治阶层、富有家庭中颇为流行。榻，比床小，比席高，有别于几、案一类高型家具。榻上可放置手炉书卷等，其前置于食案或书几，主要用于会客、办公、宴饮等。有些文献专门对床与榻的高、低尺寸做了明确规定。早期的榻多为矮榻，它的功用和形制与床很接近，大多用来坐卧。到汉魏以后除了独坐式榻还有合榻、连榻、连屏榻等，在其上可以供数人用餐，另外人们还可以在榻上对弈、弹琴、作画。

（二）坐卧用具的进一步发展

汉代以后逐步形成"垂足而坐"为主导的高型坐具，最早传入的"胡式坐具"有胡床、带靠背的椅、绳床、腰鼓形坐墩等。这

胡床实为一种轻便折叠凳

类坐具实质上就是椅、凳、墩的前身。汉代以后随着佛教文化的不断渗入和"胡人"大量移居内地，带来了椅、凳的早期形式。"垂足坐"习惯形成，就当属"胡床"引入中原之后带来的必然结果。所谓"胡床"是我国古代北方少数民族地区的一种专用坐具。古代胡床实际就是一种轻便折叠凳，类似现在俗称的"马扎"。

在这一系列高型坐具的影响下，到唐代初期，各种各样的高型专用坐具相继出现，以"垂足高踞"为代表的新式起居方式呈现出生机勃勃的局面。

"凳"由魏晋以前的"登"，即登床之具转化而来。由于垂足而坐习惯的影响，

方凳

高足家具不断增多，一种长板的床前凳便随之出现了。到了唐代，凳子已在人们的日常生活中不断改进，作为专用坐具而广泛使用。从敦煌壁画及唐代绘画中可以看到当时已有方凳、长条凳、圆凳及椭圆凳等型式。凳的另一种形式是"杌"，俗称"杌子"。杌，原本只是一截高而平的木头，是民用的非正式坐具，还可称为"木墩子"。后来人们将杌定义为：形体瘦高而坐面平整的有足凳。

"椅"，椅子的名称最早出现在唐代，为了坐起来更加舒服，人们想出了在凳子上加靠背和扶手的办法，因而出现了"椅子"。最早的椅子见于佛像中，十六国时期的敦煌雕塑（第275窟），交脚弥勒菩萨坐于双狮座形靠椅上，这种靠椅具有典型的印度风格。中唐以后椅的汉化特征已经非常明显，唐至五代出现了圆搭脑圈椅和无扶手的汉式靠背椅。到了宋代，椅子的型式和种类更为完备，其中有一种就是从胡床演变来的交椅，在此基础上又创造出了"太师椅"。

太师椅

"墩"，即佛座，也就是菩萨的坐具，不过在很长一段时期内都是非正式坐具，在家具中的地位要低于椅和凳。它与凳的造型功能有些相同，均属无靠背坐具。墩又称"鼓墩"，因其外形多似圆形鼓状。

综上论述，我们可以清晰地看出，我国古代坐具的型式主要有席、床、榻、胡床、凳、椅和墩几种类型。我国古代坐具的型式演进主要可概括为从低型到高型、从简单结构到坚固结构、从功能实用到舒适性进而发展到雍荣华美等方面。

（三）明代的床榻

明中期龙泉花卉鼓墩

床榻是卧具的统称，至明代，不仅构造

明式黄花梨床榻

完善，造型完美，而且制作十分精致，工
艺考究，形制式样独具东方色彩，富有极
其丰富的人文内涵和高度的艺术性。但此
时家具的分工愈加明细，床与榻在造型和
功能上都已有了明显的区别。因椅、凳、
墩等专用坐具的大发展，此时的床已经退
居内室，越来越封闭。

榻在明朝已非一般家庭所用，大多是
仿古式的高档家具。这时出现了一种新型
榻——罗汉榻（亦称弥勒榻），因其颇像
一尊端坐的胖罗汉，故得此名。它是指左
右和后面设围栏，但不带床架的一种床类
家具。它有大小之分，小者为榻，大者称床。

铁力木罗汉榻

大罗汉床可坐可卧。床正中置炕几，两边设坐褥、隐枕。但这种罗汉床只空有床的虚名，多半不是用来睡觉，而是置于厅堂、书斋等高雅场合，用于坐息、办公或会客，从用途上讲属榻类。较罗汉床小而窄的罗汉榻与椅子的功能基本相似，是一种专用的靠背坐具。通常我们所说的"宝座"就是罗汉榻中最典型的一种，它的做工精美华贵，在整体上有一种唯我独尊、至高无上的视觉感受，一般只有皇宫和王公府邸才有。

明代的床榻大体上可分为架子床、拔步床、板床、板榻等几个系列。架子床，是床和帐的结合物。我国的北方由于地区寒冷且干燥，民间都设置暖炕，故架子床并不多见。

明式架子床

这类床一般多见于我国的江南地区，因夏天炎热潮湿，多小虫蚊蝇，睡觉安歇的床都需要悬挂帐子。这类床通常在四角安柱子，床顶起盖，俗称"承尘"。顶盖四周装相板和倒挂牙子，床的两侧和后面装有围栏。进一步细分，仅在四角立柱支撑顶盖的叫"四柱床"，在这四柱之外又在正面加两根立柱安装门围子的叫"六柱床"，而"八柱式"则是在前后门柱与角柱间都加设栏杆或床窗。有的架子床将"门围子"用小木料加工成如意头或别的图案，相互拼接成大面积的棂子板，中间留出椭圆形的月洞门，称为月洞式架子床。

月洞式门罩架子床是一例典型的明式

黄檀月亮门架子床

架子床，今收藏于北京故宫博物院中。此床在王世襄先生的《明史家具的"品"》一文中被称为"秾华"品的代表。它通体采用黄花梨木精工细作，床面长 247.5 厘米、宽 187.8 厘米、高 227 厘米。床上有四柱，柱间施床围，顶部装有楣板的承尘，前面做成月亮门洞，是架子床中较为复杂的一种做法。此床门罩分为三扇拼成，上半为一扇，下半左右各连一扇，连同床围及顶盖的挂檐均用小块木料加工成四簇云纹，其间以十字相连，拼接成大面积的棂子板，在前面中部留出椭圆形的月洞门，图案紧密精致，以相同的四方连续图案排列其间，整体效果醒目匀称，并无繁琐之感。床身采用高束腰式，束腰间立短柱，分段嵌装绦环板，浮雕花鸟纹。床屉用棕绳作底，上铺以藤席。这类架子床实属明式家具中的豪华类型，具有很高的历史和艺术价值。

"拔步床"俗称"八步床"，是一种形制更大的床，底部近地有"地平"，床前部带浅廊，宛如一间小屋。它造型奇特，形成一个前堂后室的空间布局，好似楼中阁、屋中屋。并且此类床的功能多样，上有顶盖，下有底座，前有廊庑，中有床门，四周设围屏。廊庑二侧是个空间，可放置小桌、杌凳、衣箱、马桶、灯盏等物品。拔步床也叫"大床"及"凉床"，整个床就是一个居住的世界。明代许多讲究的拔步床正如《鲁班经》图式中所绘，均采用垂柱外檐，更如一幢精致的小屋。尤其是清代的拔步床，有繁多的雕刻、镶嵌、描绘，或贴金彩绘，十分富丽堂皇。

楠木垂花柱式拔步床床身宽239厘米，深232厘米，通高246厘米。其制作年代约在明代中期，此床的挂檐和横眉子花板，均透雕古代人物故事图案，内容有仙人王子乔等，前门围栏精雕麒麟、凤凰、牡丹纹样，形象生动传神，构图紧凑丰满，刀

拔步床

楠木垂花柱式拔步床

法圆熟，具有很高的艺术水平。地坪、床身牙板和床围栏杆花板，也都是江南明代中叶的典型纹饰。如牙板洼堂肚中央雕饰的石榴纹，两侧的卷叶纹，不仅在流畅的线条中表现出形象的造型美，而且装饰手法非常高明，富有民间风俗的象征意味，充分地体现了江南地区拔步床的传统性和文化性。

"板床"和"板榻"乃是床榻的最古老形式，即床上既无架子又无靠背。其中板床在平民家中比较常用，且延袭至今仍应用广泛。这种床的造型结构简单，常用大边出头加横杖的平面形式，床下设有立柱，立柱之间连以直枨，做成壶门洞或隔层。床上加竹木屉，屉上加毡子或席。这类床一般多用较为普通的木材。而"板榻"的制作则是有雅俗之别：高雅的板榻用料好、做工细致、造型独特；民间的板榻则注重实用，造型简便，如南方常见的竹榻、交脚榻和北方的石榻等。

（四）明代椅、凳、墩类型

明代的椅、凳、墩的类型非常丰富。其型式主要有灯挂椅、官帽椅、圈椅、交椅、玫瑰椅、方凳、圆凳、条凳、鼓墩、绣墩等几种造型。

第一，官帽椅，基本特点是：搭脑和扶手的两端，都要出头，这种搭脑出头的样式，好似明代官员所带的有帽翅的官帽，由此而得名。因这种带有书卷气的扶手椅常被文人们摆设在书房里，故在苏南地区又被称为"文椅"。官帽椅分为南式官帽椅和四出头官帽椅。南式官帽椅其特征为搭脑和扶手都不出头，所谓"四出头"，是指这种椅子的靠背和扶手的两端都略有出露。这种椅子的设计非常合理，其高、宽、深的比例适度，充分满足了人体的功能要求。椅子的靠背部分不是一直到底，而是略有弯曲。当人坐在椅子上时，从头部经S型自然弯曲的脊柱一直到脚，形成了非常复杂的曲线和曲面。两肘可以外放在扶

明代黄花梨大南官帽椅

明代铁力灯挂椅

手上。大方的造型和清晰美观的木质纹理形成这种椅秀美高雅的风格与韵味。

第二，灯挂椅，其靠背与四出头式一样，其两端长出柱头，又微向上翘，因造型似挂在灶壁上用来承托油灯灯盏的灯挂而得名。灯挂椅的特点为：搭脑与腿子都是圆棍形状，搭脑向两侧挑出，简洁清秀，造型最具明代家具之特色。在用材和装饰上，硬木、杂木及各种漆饰等尽皆有之。

第三，交椅，是可折叠的椅子，也是带靠背的马扎。它属圈椅的一种，由于圈椅的出现晚于一般交椅，故列于后。圈椅是由交椅演变而来，圈椅的椅圈与交椅椅圈完全相同。交椅以其面下特点命名，圈椅则以面上特点命名。交椅的椅圈自搭脑部位伸向两侧，然后又向前顺势而下，尽端形成扶手，腿足交叉，可折叠。由于交椅搬运方便，故在古代常为野外郊游、围猎、行军作战所用。后来逐渐演变成厅堂家具，而且是上场面的坐具，古书所说的那些英雄好汉论资排辈坐第几把交椅，即源于此。

第四，圈椅，其后背搭脑与扶手，由一条流畅的曲线组成，此曲线圆滑、流畅似罗圈，俗称罗圈椅（又名太师椅）。明代圈椅最突出的特点是有一个圆形的椅圈以及下部框架固定结构。其靠背倾角和曲

明代黄花梨交椅

明代海南黄花梨圈椅

线已能根据人体特点设计，符合现今我们所谓"人体工程学"原理，令坐者感到舒适、惬意。明式家具中以圈椅这种形式最富神韵，造型古朴典雅，线条简洁流畅，制作技艺达到了炉火纯青的境地。"天圆地方"是中国人文化中典型的宇宙观，圈椅是方与圆相结合的造型，上圆下方，以圆为主旋律，圆是和谐，圆象征幸福；方是稳健，宁静致远，圈椅完美地体现了这一理念。花梨花卉纹藤心圈椅，高112厘米，长60.5厘米，宽46厘米，现存于故宫博物院。圈椅靠背板攒框镶心，上部如意形开光内雕麒麟纹，中部方形委角开光内雕花卉纹，下部为如意纹壶

明式玫瑰椅

门亮脚。背板及椅柱两侧饰边牙条。座面上三面围锦绣雕花卉纹围栏。高束腰上镶螭纹绦环板。壶门式牙与腿交圈。三弯腿，龙爪式足，足下带托泥，托泥饰壶门式牙条。此椅装饰复杂，雕刻繁缛，具有明式家具中少见的华丽风格。

第五，玫瑰椅，这种扶手椅的后背与扶手高低相差不多，比一般椅子的后背低，靠窗台陈设使用时不致高出窗沿，造型别致。常见的式样是在靠背和扶手内部装券口牙条，与牙条端口相连的横枨下又安短柱或结子花。也有在靠背上作透雕，式样较多，别具一格，是明式家具常见的一种

方凳

椅子式样。玫瑰椅，实际上是南官帽椅的一种。玫瑰椅的整体造型完全可以用美丽、精巧来形容，它的基本构造为创造性的装饰活动提供了无限空间。

第六，方凳、圆凳，均是指较矮的凳，也叫杌凳、杌子，它们的共同特点都是没有靠背的坐具。明代凳子的样式多样，主要有方、长方、圆形几种，造型优美，装饰简洁。制作手法又分有束腰和无束腰两种形式。有束腰凳大部分都用方形材料，很少用圆料，而无束腰凳则方料、圆料都有。有束腰者可用曲腿，足端都作出内翻或外翻马蹄儿，而无束腰者都用直腿，腿足无论是方是圆，足端都很少作装饰。凳面所镶的面心有落堂与不落堂之别，落堂者面板四周略低于边框，不落堂者面心都与边框齐平。面心质地也不相同，有影木心的，有各色硬木的，有木框漆心的，还有席心、大理石心等等。

方凳，是长凳中有长方和长条两种凳的统称。长宽之比差距明显的多称为春凳，长度可供二人并坐，有时也可当炕桌使用。条凳坐面窄而长，可供二人并坐。一张八仙桌四面各放一条长凳是城市中店铺、茶馆中常见的使用模式。这类条凳的四腿大多做成四批八叉形，四足占地面积当是面板的两倍以上，因而显得牢固稳定。

明代圆凳造型略显教实，三足、四足、五足、六足均有。做法一般与方凳相似，以带束腰的占多数。它和方凳的不同之处在于方凳因受角的限制，面下都用四腿，而圆凳不受角的限制，少则三足，多者可达八足。一般形体较大，腿足做成弧形，牙板随腿足膨出，足端削出马蹄，名曰鼓腿膨牙。下带圆环形托泥，使其坚实牢固。

红油漆嵌珐琅面龙戏珠纹圆凳

凳类当中还有"马扎""马机"之称。马扎即汉时无坐背胡床，亦称马凳。马机则用作上马或下马时的蹬具，这类凳子形体不大，高度与平常坐凳相仿，平时也可用于坐。

明代汉白玉雕缠枝兽鼓墩

第七，墩，坐墩在明代也较前代有所发展。坐墩又叫"鼓墩"，因基本形状是类似鼓的圆墩，中间较大，两头回收，较小。一些鼓墩常在表面覆盖锦绣的袱子，这种鼓墩又叫"绣墩"。明代墩做法是直接采用木板攒鼓手法，做成两端小、中间大的腰鼓形，两端各雕玄纹和象征固定鼓皮的乳钉。为提携方便，有的在腰间两面钉环，或在中间开出海棠式透孔。明时墩除木制外，还有蒲草编织、竹膝编织等，也有以瓷、雕漆、彩漆等材质制成。

四、承置用具

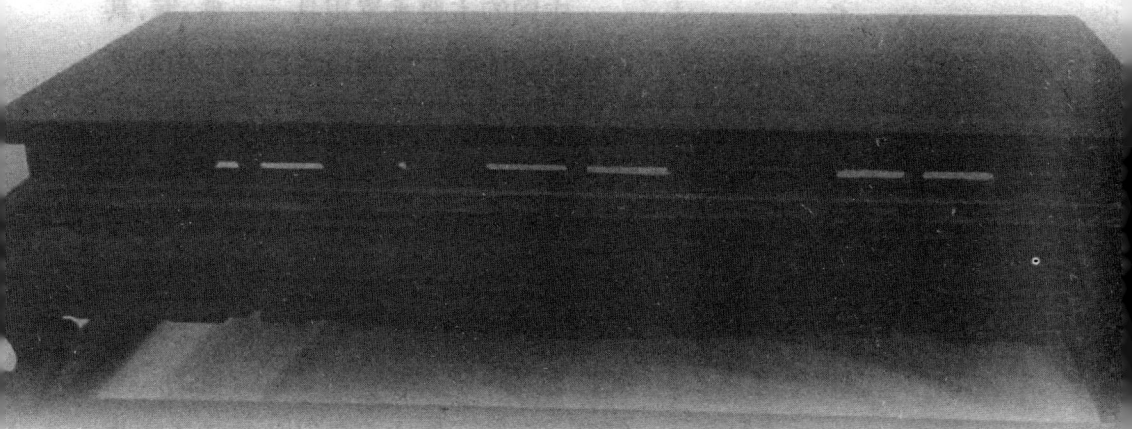

镂空俎

（一）俎、几溯源

中国的主要承置用具——桌、案，其文化源远流长，它是由我们祖先席地而坐的生活习俗相对应的几、俎、案等低矮家具发展而来的。几、案、俎本是同源，后逐渐发展为在桌子出现以前流行于我国古代家具中必不可少的三类承置用具。

"俎"，供人宰牲和承放食物的器物，简言之，就是现在的"切菜板"。俎的起源很早，在距今约六千年以前的江苏常州圩墩遗址中曾发现这种简单的切菜板，可以说是最原始的"俎"。《说文解字》释为："俎，礼俎也，从半肉在且上。"说明俎是祭祀之具。宋《事物纪原》载："有虞三代有俎而无案，战国

始有其称，燕太子丹与荆轲等案而食是也，案，盖俎之遗也。"说明它是今天桌、案的雏形，为后世的几、案、桌等家具奠定了基础。关于俎，最典型的发现则是在山西襄汾陶寺墓地，该墓地的多处大墓中均有施有彩绘的俎。商代青铜器中有俎，宝鸡商墓出土的俎如小凳，俎用以切肉，面有小孔，以漏汤汁。这是我国最早的铜制家具。

"几"，基本构造简单，窄而长的一道横梁为几面，下边两端安足。古代常设在座侧，以便凭倚的家具。传说是黄帝发明了几，起初只用于祭祀等较正式场合。"楚几"，是有着明显地域特征的楚式家具的

战国黑漆朱绘凭几

重要部分。目前我们所发现的早期木几大多出于楚地。早在《周礼》中就记载有"五几"，指左右玉几、雕几、彤几、漆几、素几。在周朝贵族礼仪中，各类的几在使用中等级非常森严。"玉几"只能是至尊的天子专用，也是最高权力的象征。在信仰长台关楚墓的二号墓的侧室中，发现一例此类几，在几两侧的挡板外面和横板的两侧边上均匀地嵌有20块白玉。"雕几"为诸侯和卿大夫所用，它们的共同特点为雕刻复杂，花纹凝重繁密、颇具立体感。"彤几"，在战国早期曾国君主乙的墓中发现，此几由三块木板以嵌榫方式拼合而成，整体呈 H 形。通体髹黑漆，在几面及立板的外侧用朱红漆加绘卷云纹和分隔式的变形兽面纹。在周礼中，卿大夫用"漆几"，在长沙（楚墓）浏城桥一号墓中发现有精美的漆几，这类 H 形漆几的形体较小。它的结构与曾侯乙墓的"彤几"相同，但只髹黑漆而不绘红彩，显然规格较"彤几"低。周礼中，办丧事用"素几"，包山（楚墓）二号墓出土的"素几"，该几也呈 H 形，板上端内卷，横板中部略具收腰状。特别的是，此几在通体涂黑后又在显著部位用白粉绘出大量的曲纹线。

几和案在古人笔下也时常混称，但二者用途不同。几通常是与案相对而言，它似案但较之要小。案用来置物，几则用来凭靠，故古人对几又称凭几。凭几的式样直到隋唐时期外观上才发生了较大的变化。隋代张盛墓出土的凭几为三足式，几面上的横木呈弧形，其弧度小于半圆。因弧形几面可前伏后倚，更满足人体自身的感官舒适要求。这种凭几又称"养和"，古代的高士名僧往往选用，代表着一种古雅的品味。

河南信阳长台关战国墓出土的嵌玉彩绘漆几

（二）案与桌的溯源

案，古代时为放食物的木盘。案的造型特征与桌最为接近，但案与桌最大的区别在于案的案面两端悬空，四足缩进安装，一般使用夹头榫和插肩榫两种榫卯结构，且从整体比例上讲，案更多呈细长条状。

案的起源很早，传说最早是由夏禹发明的。战国、两汉案多为矮足，在长方形木制的黑漆上饰纹彩。汉代出现了一种翘头案，翘头案指长方形案面的两端装有向上向外翘起的矮板，不仅有实用功能，而且增加了外形的美观。到唐宋，案向高足发展，出现了平头案、翘头案、书案、画案、经案、供案等。

紫檀嵌银丝小案桌

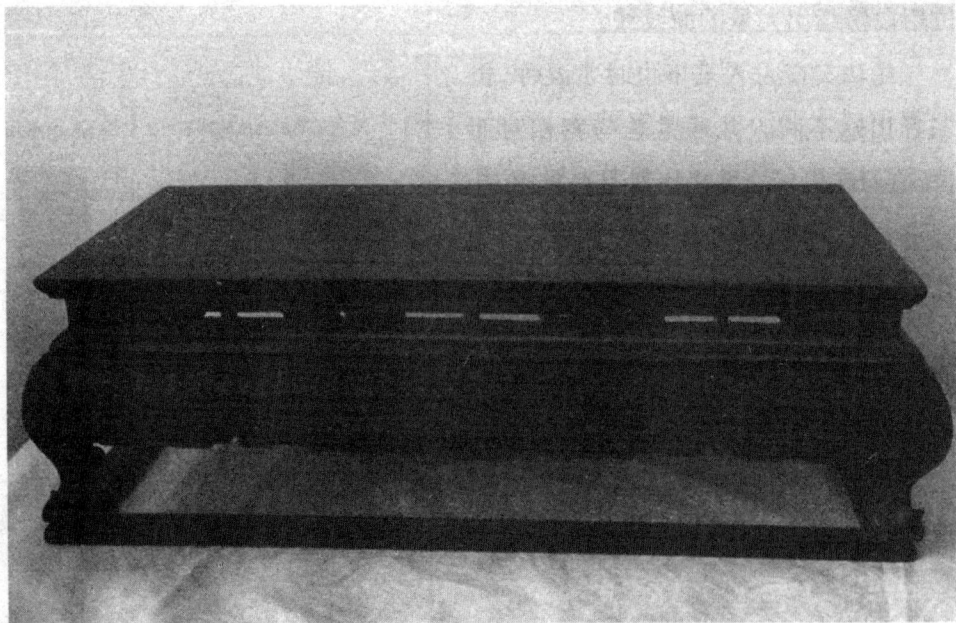

"桌",早期的桌来源于几、案,均较矮。从现在掌握的考古资料分析,类似于如今炕桌高度的矮形桌在汉代已经出现。早期的矮桌高度如几一样,距地才20厘米左右。隋张盛墓出土的桌为带托泥梳背式足,桌面两端有矮沿,其高度已超出配套的坐凳有将近十五厘米。按桌凳比例推算这张桌子通高应当在40厘米左右,与隋唐时期流行的胡床、壶门箱式床榻的高度相仿。唐代敦煌473窟壁画和85窟壁画分别绘有供每侧各五人同时进餐的长条桌和供屠夫宰牲切肉用的方桌,桌的高度大约能达到50—60厘米。

紫檀平头案

河南禹县白沙宋墓壁画中的桌子已经很接近后世使用的桌子

宋、元的桌逐渐摆脱了低矮的几、案的形式，形成了独自的发展轨迹。此时的桌种类繁多，有供桌、画桌、书桌、琴桌、酒桌等。此时，关于桌子的史料记载颇为丰富，另外，出土文物也较多。在河南禹县白沙宋墓壁画中发现，墓主人夫妇对坐宴饮，他们之间是一张小桌，腿足为圆材，腿子间连有双帐，其高度应在 70—80 厘米左右，已接近后世使用的桌子。

中国文人喜欢独处和浪漫遐想，在大多文人的书房画室中，其真实意境不在书和画，而更在于书房画室本身的环境。宋时，以皇帝宋徽宗赵佶为代表的文人墨客和苏轼、朱熹、张择端等名家精工细写的传世名画和墨宝，定是在赏心悦目的书桌画案之上完成的。窗前一桌、一椅，在书案画桌上写诗、画画、品赏古玩。斋中有几有案，案桌上有笔、墨、纸、砚、四书五经，榻几上一张七弦琴，窗外垂柳荷花，便是隐居文人心中的世外桃源，此中可以别无它物。

（三）明几、案、桌的形式举要

经过唐宋时期的家具巨大变革，到了明代，几、案和桌，种类、做工、造型都较之前代大有发展，可谓是达到古典家具顶峰。

　　根据造型和使用方式的不同，我们将几类家具主要分为炕几、茶几、花几、香几、琴几等。

　　"炕几"，顾名思义就是摆在炕上的几，主要置于炕的两头。由于气候的原因，北方较多使用。其形制一般为长方形，板式结构，很少用束腰，在几类家具中较低矮，适合盘腿打坐时使用。

　　"茶几"，造型多为方形或长方形，一般放置在两把椅子之中，用以放置茶具等，故称茶几。其高度相当于扶手椅的扶手，足间常带有一层屉板，可以放杂物，大都为直腿，弯腿少有。茶几玲珑精致，传世

明代紫檀独板四面平架几案

实物较多，至今仍被广泛使用。

"花几""香几"，因承放花瓶、供奉香炉等雅物而跻身于雅具的行列。它们的摆放位置并不局限于户内，点缀庭园秀色最为适宜。既可在组合家具中配套使用，又可不依不靠，从各个角度均可供人观赏。"花几"，在造型和制作工艺上多随环境而异，且常常成双成对使用。大致说来，室内花几则以古朴见长，造型一般比较圆正规范。而室外的花几则灵活多变，其造型常能与盆景和山石花草等交相辉映。

"香几"，是用来焚香置炉的家具，也可陈列花瓶、盆景等。此类实物存世并不太多，

花几

明代香几

常见的式样包括圆形、方型和八角形香几。它的形制以束腰做法居多，腿足较高，多为三弯式，自束腰下开始向外膨出，拱肩最大处较几面外沿还要大出许多。足下带托泥，整体外观呈花瓶式，高度在 90-100 厘米之间。香几在明代已得到广泛使用。明代万历年间金陵富春堂唐氏刊本的《娣袍记》附刻有一页插图，题目为"窥妻祝香"，描写范唯躲在院子的假山一侧，偷看他的妻子拈香祈祷的场景。插图的正中摆放着一只长方形的四足香几，上供香炉。此几有束腰带托泥，造型修长挺拔，其装

明代琴几

饰效果颇为突出。

"琴几"，在明代也很常见，常做成桌案的形状，只是其高度比一般桌案都稍矮。此类几的平面也是比较窄长，长宽之比约 3:1。琴几的两端立板有的采用与几面称软圆角的内卷书式，有的采用直板拼接。整体造型简洁秀雅，线脚优美流畅，给人以美的享受。

案在明式家具中形式多样，有轻巧方便的炕案、用来作画书写的书案、案面平直、两端无饰的平头案、案面两端向上翘起的翘头案和两端为两只几子架起案面的架几案等。

"炕案"与炕几、炕桌属同一类型，均

是置于炕上使用。一般，炕案比炕桌要窄。常常采用夹头榫或插肩榫两种做法，带有吊头，案下面有埏边和回纹装饰，转角处有牙子加固，侧面采用云头透雕。

"书案"一般带有抽屉，宽度超过二尺五寸，是专供人作画、看书、写字和办公的家具。

"平头案""翘头案"，平头案出现于明朝初期，翘头案则出现相对较晚，大约在明代中期。平头案，是一种形体较大的长体家具，常依墙而置。明代，人们常将平头案放于室内的正墙中间，上配中堂，前配桌、椅。翘头案，长度一般都超过宽度两倍以上，有的超过四五倍以上，与平

明代黄花梨平头案

明代黄花梨平头案

头案一样，都属于长体家具。明代翘头案多用铁力木和花梨木制成。翘头案除了在中堂使用外，还可置于侧间使用，多放于窗前或山墙处，用于摆放花瓶或梳妆用具。

案当中还有一种"架几案"，是明代后期出现的家具品种。明清代皇宫和园林别墅以及王府等大型建筑使用较多。因其体形较大，一般在正厅两侧各设架几案一组，每组由三件组成，形式为两个方几上横架一条长条形面板，用以陈放大件陈设品。如果开间较深，案面加长，一般在面板正中的位置再加一方几。在较大的空间里陈设架几案，再配以大件的铜器或山石盆景，其庄重、典雅的艺术效果更胜翘头案一筹。

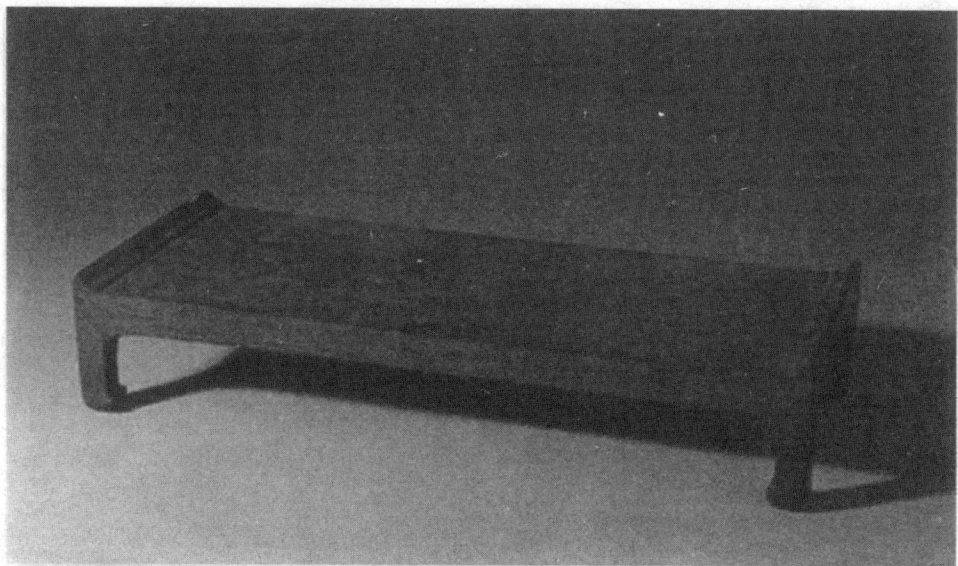

明代黄花梨小翘头案

明代，高型桌案成为几桌式家具的主体式样。从目前保存的同时期桌子实物看，其通高一般都超过了 80 厘米，这是符合人体工程学设计标准的，只有保持桌面一定的高度，桌面以下的空间才能使人的双腿活动自如，没有障碍。早期矮桌的"后代"恐怕只有炕桌这一种了。桌子在明代从结构、造型、功能上说，都增添了许多花样，常见的桌子种类有炕桌、油桌、方桌、圆桌、半圆桌、条桌、画桌、书桌、琴桌、供桌等。

自古以来，北方家庭卧具以炕为主。"炕桌"，在炕案中，我们已经说明了它的用途。不过将它移到地下，围坐就食，也是北方家庭的习惯。正因如此，炕桌又

黄花梨炕桌

有"饭桌"之称。它通常可放于宽大的罗汉床或者火炕的正中，摆放茶具花瓶以及碗碟等生活用品。它的基本样式可分为束腰带马蹄足、三弯腿和无束腰直腿三种，腿足的造型和桌面的装饰与高型桌子一样也是百花齐放，各有千秋。例如：故宫藏明代束腰鼓腿彭牙炕桌、陈梦家夫人藏明代撇腿翘头炕桌。

前面我们提到过平头案，平头案有宽有窄，长度不超过宽度两倍的，常称为"油桌"，油桌一般形体不大，实际上是一种案形结体的桌子。它结构合理、坚固耐用，长期以来受到人们的喜爱，同炕桌、方桌一样，也是明代最常用的桌子之一。

　　"方桌"，形体较油桌短，四边等长。尺寸小者成为"四仙桌""六仙桌"，较为宽大的则为"八仙桌"。此类桌有带束腰和不带束腰两种形式，此外，方桌中还有一种一腿三牙式的，造型独特，其桌腿侧脚收分明显，足端亦不作任何装饰。桌面边框用材较宽，使腿子得以向里收缩。面下桌牙除随边两条外，另在桌角下沿装一小板，与其他两条长牙形成135度角。这三个方向的桌牙都同时装在一条桌腿上，共同支撑着桌面，故称一腿三牙。这种方桌不仅结构坚实，造型也很美观。

明代榉木披麻灰方桌

明代圆桌

王世襄先生曾专门撰文论及一张明式黄花梨一腿三牙罗锅枨方桌，它的造型独具匠心，其四足不用侧脚，与地面垂直。桌面虽系喷面，但喷出较小，安在桌角的牙头很薄；腿上有八道凹槽，锐棱犀利有力；牙条不宽，起平扁而宽的皮条线并加洼儿（即在皮条线的正中做出凹面）；罗锅枨上用剑脊棱。直线线条在这张方桌上被突出运用，使它显得"骨相清奇，劲挺不凡"，被王先生定为劲挺之品。这种一腿三牙罗锅枨的明式家具典型结构通常都使用在方桌上，其他形制的桌子上较少见到。

明式的"圆桌"则一般由两张半圆桌组成。桌面单纯为半圆形的桌子称为"月牙桌"。月牙桌可以分置，下施以三足。明式家具中的半圆桌通常桌面均小于一个半圆，如娟娟一钩新月，清秀委婉，风雅宜人。

"条桌"也叫长方桌，它的长度一般不超过宽度的两倍。长度超过宽度两倍以上的一般都称为条桌。条桌分有束腰和无束腰两种。"画桌""书桌"皆是以其使用方式而得名，是供人作画、看书、写字的用具，其尺寸一般都较大，便于摆放书卷、纸张、笔墨等等。它们都是以其腿足安装部位的不同而区别于条桌。明代的书桌一般采用一腿三牙罗锅枨、四面平或喷面等做法。

高型桌子里还包括有琴桌、棋桌、供桌等各种用途的特制桌子，品种十分丰富。明代专用桌案中除棋桌外，还有"琴桌"。

明代榉木条桌

紫檀琴桌

琴桌的形制也大体沿用古制，尤其讲究以石为面，如玛瑙石、南阳石、永石等。也有采用厚木板做面的，还有的以郭公砖代替桌面。因郭公砖都是空心的，且两端透孔。使用时，琴音在空心砖内引起共鸣，使音色效果更佳。还有的在桌面下做出能与琴音产生共鸣的音箱。"供桌"是寺庙中的专用家具，主要用于放置壶、杯、盘等祭器。

五、贮藏用具

（一）贮藏家具的历史发现

箱、橱、柜是贮藏类家具的代表，它们的历史也同样源远流长。

最早的"箱"形器具出现于原始社会末期，是专门为存放死者随葬品而设的。这些箱、匣等都饰以彩绘花纹、平面是圆形或长方形。夏、商、周时期是贮藏类家具的成形阶段。箱、匣等在此时相继形成了自身特点。

战国时期，随着楚式家具大发展，箱盒家具也已逐渐发展成熟，种类有衣箱、文具箱、酒具箱等等。出土文物中，截至目前年代最早形制完整的箱子，应该是湖北随县曾侯乙墓的漆木衣箱。此墓共出土衣箱五件，

马王堆西汉墓竹笥

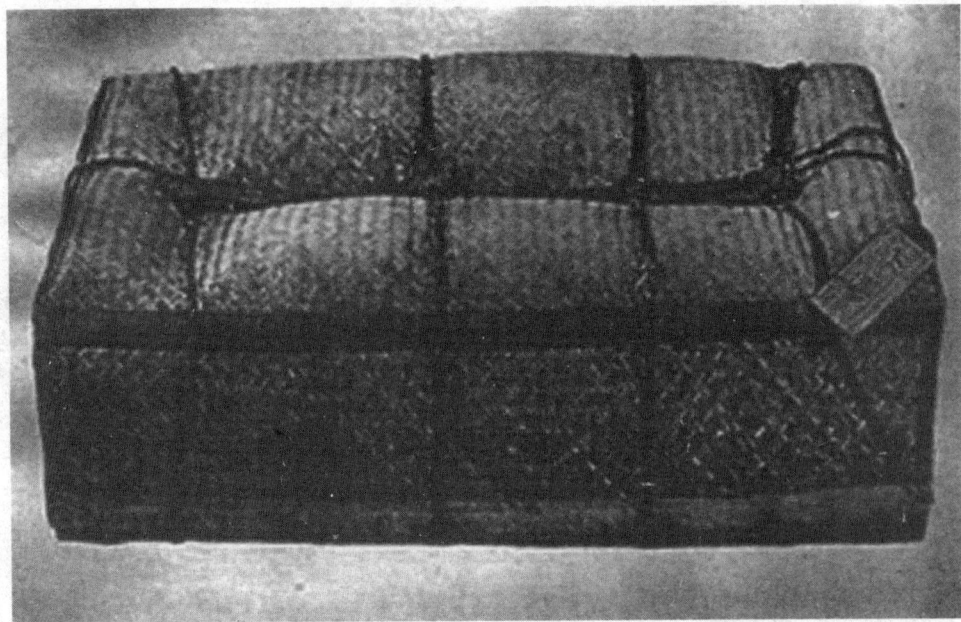

均绘有扶桑、太阳、蛇和人物等彩色图案，有的还在箱盖上刻着"紫锦之衣"的字样。汉代是箱子的大发展时期，此时"巾箱"或"衣箱"，在我国北方及江南广大地区使用很普遍。这类箱多用于存贮衣被等物，一般形体不大。用于官员出行或出游的"官皮箱"此时也流行开来，它是一种旅行用的存贮用具。形体较小，正面对开两门，里面装抽屉数枚，用以存放文具或梳洗用具。将两侧立墙和正面两门的上边做出子口，箱盖放下时，将四面板墙全部固定起来。官皮箱门上的子口，与盖扣合后可以加锁，对抽屉内存放细软起防盗作用。汉代箱子的另一种形态——竹篾编成的"竹笥"，长沙马王堆汉墓中出土多件。到唐代时，有关箱子的记载更多，箱子在当时已是常见之物。唐代以后直到元明之际，箱类大都做成顶形盖，棱角处多用铜叶或铁叶包镶。

与箱同类的"柜子"的使用大约始于夏商时期。古时的柜，并非我们今天所见之柜，它与椟、箱、匣之间的区别并不太大且大多做工精美。故《韩非子》有记，郑人"买椟还珠"的故事，可见古时的柜

唐代盝顶银箱

绿釉柜子

类制作相当精美。

周朝时已有了"柜"的名称，是承放贵重物品之所。如《楚辞·七谏》："玉与石其同匮兮。"此句中说只有宝玉一类的珍贵物品才可存于柜。古人有时把匣、柜并称，是因为匣和柜从外形上看，除大小的区别之外，没有严格的界限。通常大者称柜、中者称匣、小者则称为椟。人们把匣、柜混称的现象一直沿用到汉朝，自汉起有了区别于我们现今所谓箱、匣的小柜子。河南陕县刘家渠东汉墓出土的一件绿釉陶柜模型，就是很典型的实例。柜呈长方形，下有四足，柜顶中部有可以开启的柜盖，并装有暗锁，柜身以乳钉作装饰。自汉世至隋唐，日常所用柜子大多采取这种式样。

从整体上说，唐五代时期的柜子从形式看与汉代的柜子区别不大，但唐代有了较大的柜，能放置多件物品。宋代柜的种类也日益增多，例如产生了专门存放书籍的书柜。宋代时，除桌柜之外还有坐柜，是集存贮和坐用两种功能于一身的家具。

"橱"类家具出现较晚，大约出现在两晋以后。它是一种前面开门可供存贮书籍、衣被及食品等物的家具。虽然橱是一种贮藏类家具，可是它却是由承具类家具"几"演变发展而来的。双层几，就是用于存放东西的，随着形式的发展变化和高度的增加，而成为一种架格。几的左右及

古代书柜

后面加上了围板，前面安上了可供开启的小门，从而成为"橱"的形式。橱最初形体较小，大多放在几案之上，大橱很少。

魏晋以后至唐宋时期，随着高形桌案的普及，橱类家具的高度也在逐步升高。它的高度基本上略同于此时的桌案，橱的面上可作桌案使用，面下抽屉可以放些日用杂物。橱的种类、造型和功能在不断丰富发展着，为明代橱类家具的精美、实用打下了坚实的基础。

（二）明代箱、柜、橱一览

箱、柜、橱家具经过宋元以来的变革，到了明朝时期迎来了空前繁荣的局面。柜、

明代黄绿釉陶箱

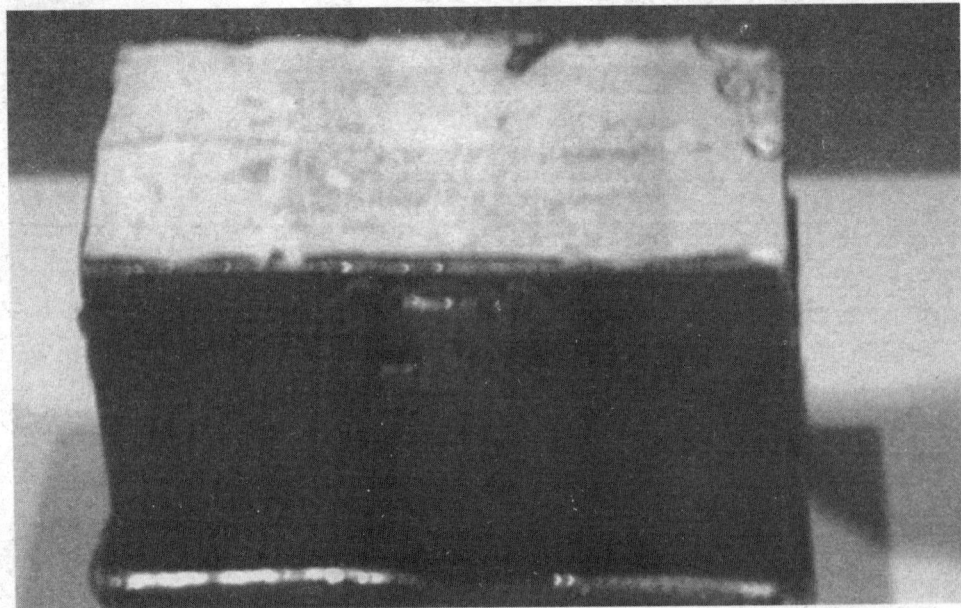

橱一改原来的古老形式，形成新颖的造型风格和工艺特色。其种类已发展得十分丰富，功能、造型也非常齐全。归纳起来，大体上有箱、盒、柜、橱、柜橱、架格几大类。每一类又可根据所放的物品而有许多专用名称。其具体式样主要有雕漆亭台人物提盒、方形雕填漆盒、官皮箱、百宝箱、圆角柜、方角柜、矮柜、顶竖柜、书格、器物格、亮格柜以及闷户橱、书橱、柜橱等。

明代的箱类制作有了更多特色，用料越来越讲究，箱子整体多用紫檀、花梨、红木等名贵木材。在箱子的拐角、接缝和开启处加以金属包边、角叶加上锁等；箱子的造型和结构也有了一些新的变化。例如：箱下施托泥、施足、施座或在其外面包藤、皮子以及加绒面等等；装饰手法上求新，风格不断变化。

明代黑大漆霫麻灰官箱

首先，盒，"提盒"，又名"食盒"或"食格"是用来专门提取运送食物的器具，是提梁式分层的长方形箱盒，启盖后内设多格。提盒有大、中、小三种，大的提盒需要两人联抬，小的则一人可弯手提携。

其次，箱，"官皮箱"，是明代家具中的常见品种，其基本形式是顶上开盖，下

明代黄花梨官皮箱

有平屉，两扇门，后有抽屉，分列三层，底有台座。明代宫廷有漆木制者，采用考究的裸饰做法，如剔红、雕填、百宝嵌等，造型大同小异，有的只有抽屉，不设平屉，似乎只宜存放小件文玩及图章等。起初官皮箱是用于官员出行或出游的，到明代发展为家庭用具而非官方衙署中物。其装饰十分精美，花纹雕饰又多为吉祥图案，且往往与婚嫁有关，如喜上梅梢，麒麟送子等，故可信为陪嫁妆仓，乃妇女用具。盖下平屉适宜存放铜镜、油缸、粉盒等，下面抽屉可放梳篦、钗等，也可被理解为供化妆之用的女红之物。

"百宝箱"主要用于存放金银细软、珍

贵的手饰和珠宝，所以也称"首饰箱"。明代的百宝箱一般为竖开门内加多屉，外形制作精美，形制小巧、材料考究、饰件精美。

再次，柜发展至明代，形体一般比较高大，可以存放大件或多件物品，主要存放衣物。典雅庄重、实用性强的柜在明代已经是室内必不可少的常用家具。在陈设时一般不会单个放置，常常并列或在大厅两侧相对而置。柜的基本形式是对开门，柜内装樘板，层数不等。柜门和柜门中间的立栓上常钉有铜饰件还加有铜叶锁。

明代生漆铜合页首饰小巧箱

明代黄花梨圆角柜

从柜的"圆角柜"和"方角柜"入手，来欣赏明代柜类的不同形制。"圆角柜"，四框和腿足用一根木料做成，柜架外角打圆，腿足亦做成圆形，因而又可称作"圆脚柜"。圆角柜是一种很有特点的明代家具，它的特点主要表现在侧脚收分明显可见，对开两门，通常以纹理美观的整块板镶成。两门中间有活动立栓，使用方便，因立栓与门边较窄，故配置条形面叶，北京人俗称"面条柜"。这种柜子的柜门与门边之间不用合叶，而采用门轴做法，既转动灵活，又便于拆卸。柜门之内中常藏有抽屉。在圆角柜体下部，柜门不到的部位安置横枨，加之实木立板，柜内再加上可翻动的仓盖，构成柜里有柜，叫做柜仓。这类柜子的传世品大多以黄花梨木或榉木制成，其色彩艳丽。内外衬麻髹漆，形式简洁、稳重大方。

"方角柜"也是明代常见的柜橱类家具之一。通常形制为：四面平齐，柜四角以直角相连接，柜体上下垂直，无收分无侧角，柜门与圆角柜不同，它采取明合页连接，没有柜帽。方角柜高度在550毫米以下的，称为矮方角柜。高度在800毫米—1200毫米左右的，称为中方角柜。而高度在1200毫米

明代方角柜

以上的则称高方角柜。

"矮柜"，是一种形式简单，造型优美，高不过宽的立柜。样式主要有三屉矮柜和四屉矮柜。

"顶竖柜"，是一件立柜和一件顶箱或一件矮柜的组合体，又称为"顶箱立柜"或"二件柜"。这类立柜大多成对摆放，合起来共四件，因此又名"四件柜"。这种柜底柜两门、顶柜两门，所以也有称其为"四门柜"的。

又次，"格"，格类家具与柜、橱功用十分相似，它的主要特点是：敞亮、大方、存储便捷且有较强的观赏性。它常以立木为四足腿脚，中间横板数层。通常有书格、

明代黑漆嵌螺钿描金云龙纹书格

器物格和亮格柜之分。"书格"，即存放书籍的架格。书格正面大多不装门，两侧也多透空，有的后面也透空，只在每层屉板的左、右及后面各装一道较矮的栏板。这样设计的目的是把书挡齐，起围护作用。明代书格式样繁多，三层书格四面空敞，中间一般要安两个抽屉，每层左、右、后三面设围栏状装置；也有的不设围栏，后背板壁，或任其空敞，而在左右或左右前三面设券口。书格的一个突出特点是不设门，极个别者即使装门，也是采用棂格形式，虽有门围相隔，但内中存物，勿须近前，便可一目了然。

"器物格"主要是以陈设古董玩物为主，也可放置书籍。它常与书格通用，无太大区

榆木双门亮格柜

别。明代苏松地区有用贵重紫檀、乌木等制作的直棂架格，外形文雅大方。

"亮格柜、橱"俗称"万历柜"，是集柜、橱、架格三种家具于一身的家具。常是架格在上，正面和两侧装倒挂牙子，下端做一道朝上的花牙围子。柜子或橱在下，通常下层对开两门，内装樘板分为上下两层，柜或橱门之上平设两枚或三枚抽屉。在居室或书房中摆设一对这样的柜，下侧放置日用杂物，抽屉中可放零碎小件物品，上侧两层空格陈设几件古董物件，顿时令人感觉满室生辉。

最后，贮藏类家具中的又一主角——"橱"，本作"厨"，原本指厨屋，后来逐

明代黄花梨三屉闷户橱

渐演变成用于厨房用品的贮藏类家具。由于厨房食物、食具的繁多，故橱比箱、柜的形制都要大。

橱类家具中值得一提的首先是"闷户橱"，这类橱是在桌案的基础上改制而成的，它兼有承置、储藏两种功能，以抽屉下设有"闷仓"（比较隐蔽的存放物品空间）而得名。其形如条案，一般高度在 800—1000 毫米左右。橱面可做桌面使用，面下置抽屉，一具、两具、三具抽屉的都属常见形式。两屉的又名"联二橱"，三屉的又名"联三橱"。抽屉下设闷仓，上下不垂直，有侧角。这种橱体较大，一般放于两个大柜中间使用。明代闷户橱曾大量流行于北方，多为黄花梨制。在苏州地区曾见到木制的闷户厨，多数只有一具抽屉。有的虽具闷户橱外形，但抽屉下并无闷仓。

柜和橱在明代的使用已非常普遍，功用也十分相似，所以柜和橱在明代的界限不太明显，常常橱柜混称。"柜橱"就是一例典型，它是将柜和橱结合在一起，具有柜、橱、桌三种家具的功能。基本特点是：上橱下柜。柜的顶层式可以当桌面使用，在顶层下则一般安有两个抽屉。抽屉下又安柜门两扇，左右后三面腿间镶木板，内装屉板两层，将柜子的使用功能移到了橱的身上，因此得名柜橱或橱柜。"书橱"，

黄花梨四件柜

明代黄花梨圆角书橱

也是橱的一种，但是它是用于书房而非厨房。它要求宽阔，但为了便于取用，进深则仅容一册。

六、张设用具

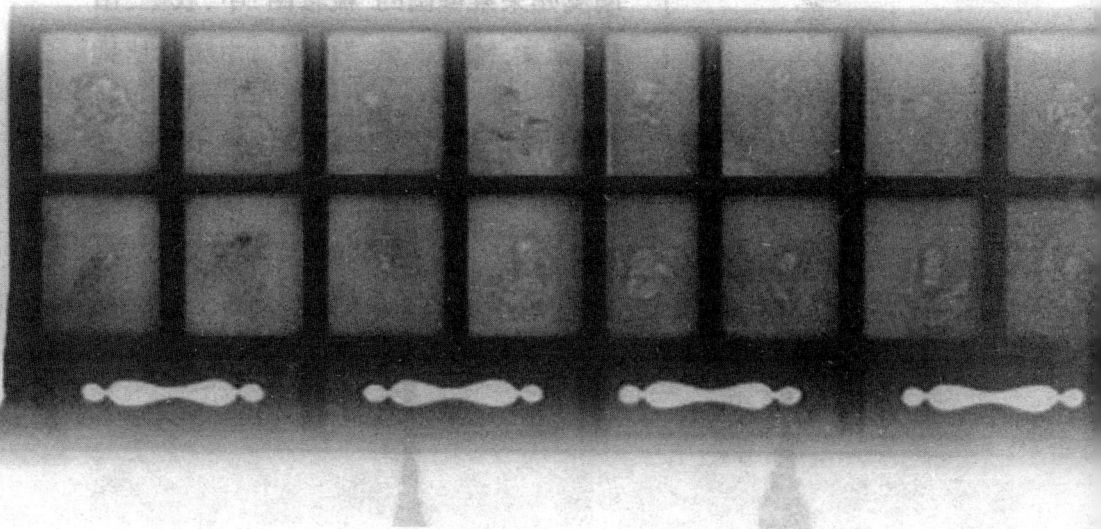

（一）托架、台座概述

张设用具主要指托架、台座、屏风等三种家具。托架在奴隶社会时就已出现，到宋代时大有发展，其主要形式有衣架、巾架、盆架（座）、灯架（座）等。梳妆台是台座的代表，而屏风的造型则更加多变，是张设用具中的重点。

托架的主角"衣架"在商周时期就已经出现了。主要分两种形式：竖立和横架的木杆，但都没有正式的名称。关于"衣架"之名，目前所见最早的记载是唐代《济渎庙北海坛二所庙堂碑阴》的记载。直到宋代，托架的使用才普遍开来。如河南禹州宋墓壁画的"梳妆图"中，衣架、巾架、盆架、镜架俱全。"巾架"，巾架的结构与衣架基本相同，只是长

明代衣架

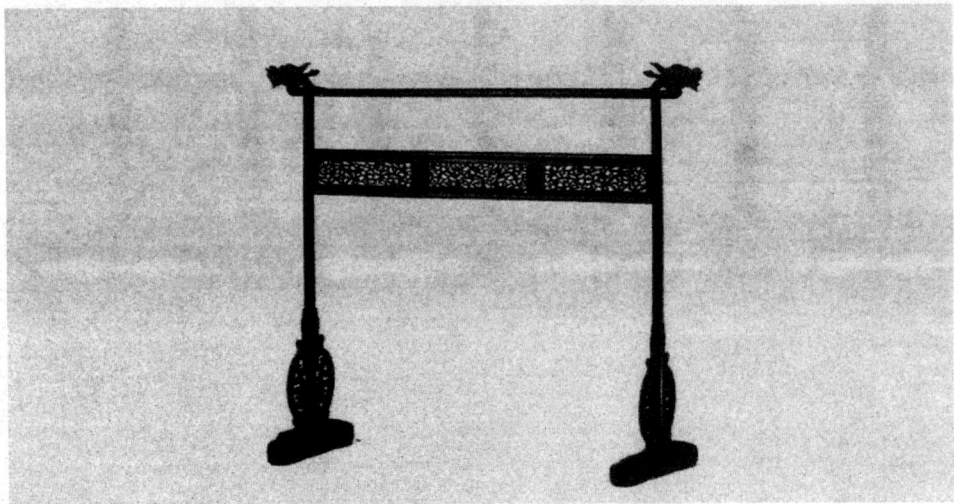

度较小，称其为巾架，是因其在长度上与衣架差别甚大，且多与盆架配合使用。而人类惯以洗脸用的"面盆架"和"巾架"，根据宋代家具形象的资料估计，它们是分开的两样家具。

"灯架"和"灯座"。古代人们生活用灯一般可分为"座灯"与"挂灯"两大类。座灯在使用时用灯座予以支撑，常见的灯座为十字形木墩，中间竖一立柱。四面有站牙抵夹，立柱顶端安圆形木盘，盘下有四支托角花牙辅助立柱承托圆盘。灯碗就坐在圆盘上，灯座中还有一种可以升降的，犹如插屏的底座。只是较窄，屏框里侧开出槽口，用一根横木两头作样榫插入槽口，

红木草龙虎腿梳妆台

榫头可沿槽口上下活动。屏框上横梁钻一圆孔，用一根圆木杆插入孔内，下端与活动横木相连。木杆顶端有圆盘用以承托灯具。使用时可根据需要，随意调节灯台的高度。

"灯架"用于挂灯之类的悬挂灯具。一般在建筑的屋顶备有专门的吊钩用以吊灯。如果屋顶过高或过低或临时陈设，则要有专门的灯架。这种灯架，多为挑杆式，由挑杆和底座组成。其式一板作底儿，正中立木柱，四边立站牙抵夹。木柱中间钻孔，将灯杆的下端插入底座，上端用铜质拐角套在木杆上。拐角常做成龙凤形象，龙头的下端钉有吊环，将灯笼上的挂环挂在吊勾上，使灯自然下垂。灯座和灯架都有高矮之分，矮者可置于桌案之上，高者则直接放在地上。

台座类家具光从名称上断定的话，很容易与案台类家具混淆，此处的镜台、梳妆台属于非专用托座，所以独立出来。所谓非专用托座是指所承托的器物并非一种，并且托座本身的形制也不是十分固定。

"梳妆台"是台座的代表，放在桌子上或案子上的可随意挪动的小型梳妆台曰——镜台。梳妆台有大小之分，大者形状与桌子无异，只是面上增加了小橱和镜支。

（二）张设用具的"宠儿"——屏风的发展概述

屏风，是一种放在宽敞的室、堂进门不远处，用来挡风、美化、协调和隔断后部视线的用具。屏风起源于西周王朝，据历史记载，周天子使用的是红底屏风，上绣无柄斧头花纹。上朝时，周天子背对屏风，面朝诸侯百官。无柄斧头和屏风本身又能增加御座的庄重肃穆气氛，显示天子的威严。屏风的另一个名字"斧依"的来

明代黄花梨小座屏风

彩绘透雕漆座屏

源也正是因为古代帝王使用的屏风上有斧形花纹。

独屏，是最早出现的屏风形式，春秋战国时屏风广为权贵使用。据《史记·孟尝君传》记载：战国时，孟尝君拥有门客千余人。他同这些人就席叙谈时，常在屏风后设书记官一名，以便记录谈话内容。由此可见，战国时期，屏风已经是官僚、文豪府邸内常见的一种生活用具了。还有的屏风是纯装饰性的陈设品，例如湖北望山战国墓出土的漆座屏。屏座由数条蛇屈曲盘绕，形象生动，做工圆滑自然，再加上彩漆的装饰，更加妙趣横生。

秦时，屏风多为矮型。汉代宫室大多高大，不论是家中装饰还是日常使用，屏风必不可少。汉代屏风的种类、造型和材质上都较前代大有发展。屏风种类由原来的独屏发展为多扇拼合的曲屏，这种屏风一般多由三屏连接而成。当然也不乏有四扇组成的称四曲，六扇则称六曲，多扇拼合的则称通景屏风。此类屏风可以折叠，比较轻便。汉代屏风在造型上有所改进，有镂雕透孔的。这类屏风多用木制，中间镂雕出立体感很强的图案，是一种纯装饰性的屏风。另外，汉代屏风在材质上也丰富了许多，宫廷内已出现了以玉石作装饰的玉屏风、斑斓璀璨的云母屏风、琉璃屏风等等。

到了魏晋时期，屏风的使用普遍开来。不但居室陈设屏风，就连日常使用的床榻等边侧都放置了小型屏风。这类屏风通常为三扇，屏框间用钮连接，人坐床榻上，将屏风打开，左、右和后面各立一扇。

隋唐时期，工艺美术非常发达。屏风在唐代成为室内装饰的一个重要组成部分。唐朝屏风制作讲究，造型更为精巧，种类也更加繁多。此时已有"插屏"与"围屏"之别，插屏多为单扇，围屏则为多扇构成，因为可随意折叠，所以使用方便。屏风的形式又有镂空式、封闭式、透明、

嵌玉石围屏

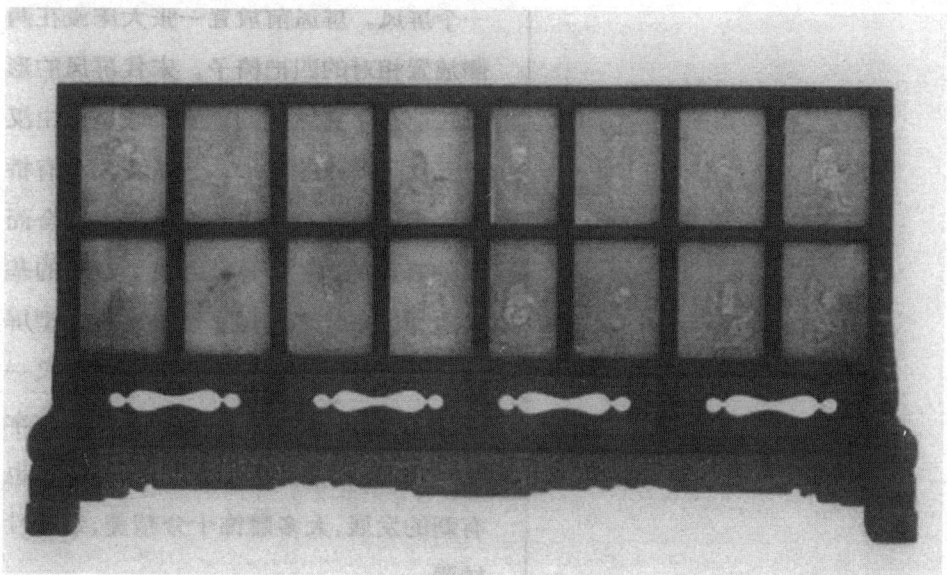

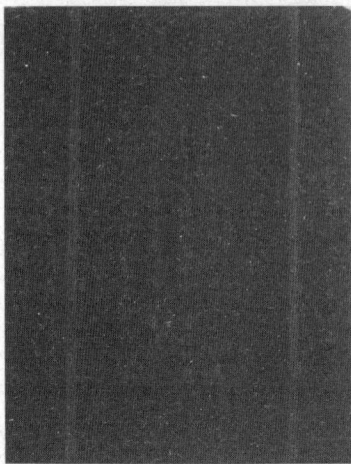
砚屏

半透明等。质地也多种多样，如金属、木雕、石材、绢素、漆艺屏风等等，而民间的屏风则多为素屏。唐代文人、画师在屏风上尽情作画，画屏是屏风的又一形式，无论是飞禽走兽、木花鱼草、民间传说，或山水国画、金石墨宝，无一不能走上屏风。南唐大画家顾闳中的《韩熙载夜宴图》，是一幅带有情节的人物绘画名作。在此幅画中用 3 扇座屏和床榻将画面分隔为听乐、观舞、休息、清吹、送别 5 个场景。

入宋以来，在崇尚简朴、素雅的文人情趣引导下，屏风的位置更加重要，几乎是有堂必有屏风。通常在厅堂正中放置一个屏风，屏风前放置一张大床或在两侧放置相对的四把椅子。宋代屏风的形制较前有了突破性的进展，底座已由汉唐五代时简单的墩子，一跃成为具有桥形底墩、桨腿站牙以及窄长横木组合而成的真正的"座"，至此完成了座屏的基本造型。宋代还出现了砚屏这种小型屏风。砚屏的比例是近似正方形，"高尺一二寸"，"阔尺五六寸"，有书写展示文字的功用。元代家具多沿袭宋代传统，但也有新的发展，大多雕饰十分精美，装饰性较强。

（三）明代架、台的形式

在琳琅满目的明代家具中，张设家具三大主角——屏风、托架、台座也发生了明显变化。这类家具在明代的主要特点有：首先，用料更为考究，多用花梨、紫檀、乌木等多种名贵木材；其次是在制作工艺上更为精密细致；再次，家具的造型更加新颖别致，不但讲求整体的和谐流畅，还将其实用性和艺术性有机结合起来；最后是在装饰手法上，对这类家具施以不同风格的装饰，譬如镶嵌、雕镂、包贴金属饰件等等。

咱们首先来欣赏架类家具，它们是明代家具中的轻便一族。此类家具在整体造型上仍沿袭了传统的模式，另外在制作、

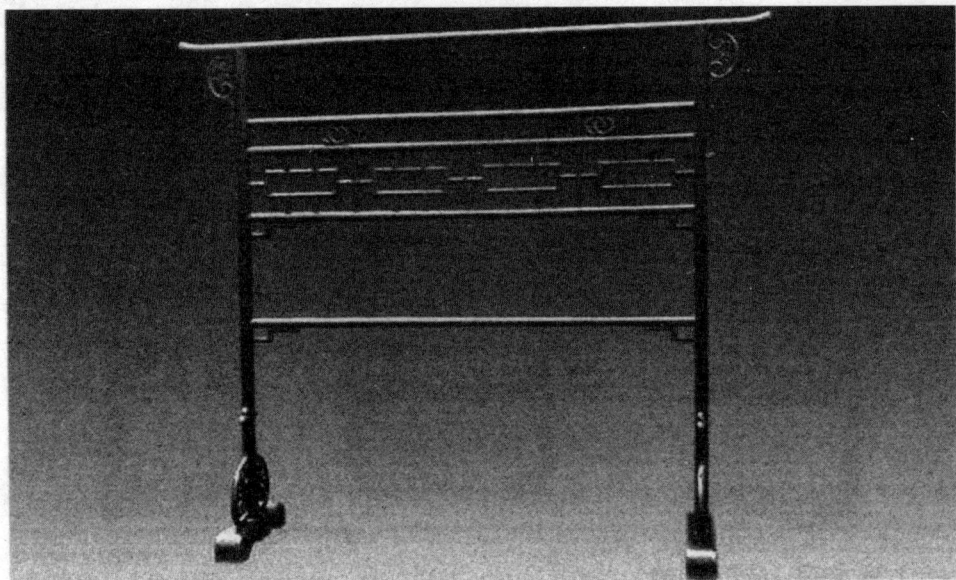

清代朱漆明式高背晾衣架

装饰、用料上都有了很大进展。此时的架类家具，传统的品种还是衣架、盆架、巾帽架、灯架、镜架、乐器架，另外还有比较新颖的花架等。

明代"衣架"的外形更加宽大疏朗，做工也非常精美，且有很强的装饰性。但衣架的整体传承了古代衣架的样式，多为两个木座，上植立柱，用站牙挟扶。此时非常流行的款式是以小件木料雕制、攒接的中牌子，并且在座上施以站牙，角端施以托牙或云头等。

《中国花梨家具图考》中收录的"凤纹雕花衣架"是明代衣架的典型，此架通高168.5 厘米、脚宽 47.5 厘米、顶部长度为 176

厘米。底座雕成下翻拱形云头状，里外均浮雕回纹，座上立柱，并在前后用透雕卷草花纹的站牙抵夹。站牙上下又分别以榫卯形式与立柱和足座连接。足座间安装用小块木料纵横组成的棂格，不但使下部连接牢固，而且棂格有一定宽度，可以用来摆放鞋子等物。在向上的立柱间安装横枨和由三块透雕凤纹绦环板组成的中牌子，图案雕刻整齐，其与立柱相连接处有透雕拐子花牙承托。顶上的搭脑，两端出头，并以立体圆雕翻卷的花叶收住，里外两侧都有拐子纹花牙。此作品雕刻精美，具有极高的艺术水准，堪称明代衣架的精品。

瞭衣架木雕

明代高面盆架

"面盆架"大多架形如圆凳，面心挖一圆洞，用以坐盆的。面盆架在明代发展到一定高度，其基本形式主要有高、低两种形制。低形盆架式样朴素，有三腿、四腿、六腿不等，一般多为单体盆架。例如：《中国花梨家具图考》中的黄花梨单体盆架，架高70厘米。上下六足均做成外张的托、座，并以双层六花形枨相连，形成中间的束腰。高面盆架则多为六腿，前四腿较短，后两腿向上延伸。稍上两腿间设横板以备放肥皂，再上为有雕饰的中牌子，最上横枨为搭脑，可以搭手巾，实际上就是集盆架和巾架于一身的家具，这种盆架的装饰比较豪华。实例如图所示，"黄花梨雕花高面盆架"，通高167.5厘米，前四足的上端雕出仰覆莲花宝顶，后两足与巾架立柱为一木连做；巾架顶部的搭脑向两侧跳出，端部雕作上卷的灵芝花朵。此架的整体结构流畅，高雅别致。

"巾帽架"，巾帽架的结构与衣架基本相同，只是长度较小，称其为巾帽架。明代的巾帽架一般只有官宦人家才有，所以并不常见。实际上，它并不一定专为挂巾，如在内室，也可挂衣服。由于其较短，一般只供一人使用，也可称为单人衣架。帽架的形状也都较矮，下部常做成圆座或十字座，中插立柱，柱上做成扁球状或蘑菇状的帽托。北京故宫所藏的"贴黄嵌染牙冠架"就是一款相当精致的明代传世帽架。

"灯架"，明代灯架，沿袭前代灯架风格，依然分为固定式和升降式两种类型。固定式灯架由灯、支柱、"十字形"墩三部分组成，不能调节高度。升降式灯架俗称"满堂红"，此类灯架灯杆能升降，形体竖立，灯杆下端有横杆成丁字形，横杆两端出榫，可在灯架主体立框内侧长槽内上下滑动。

"镜架"，明代镜架分为镜支、交椅式镜架和镜台三种。镜支是镜架中最简单、使用最广泛的一种。它是在桌面后沿装特

紫檀帽架

明代紫檀镜架

制的支架，镜子背后有钮，拴以绶带，挂在支架上，常见于明代绘画和书籍当中。交椅式镜架很有特点，与交椅相似，镜面斜倚插嵌其间，制作精美，小巧玲珑。镜台结构的镜架，上为屏围，柜面上设荷叶托，铜镜斜倚其间。下为带抽屉的小柜，三五屉不等，屉中放置脂粉、梳妆等化妆用品。

"花架"，花架只是形体结构与花几不太一样，功能还是相同的。花架有的可分多层，每层都能放上数盆不同的花卉，就像一个小型的花圃；有的花架是单体，但更像架子。其中有的如同高束腰的盆架，放上花盆后显得十分优雅。明代还曾一度流行带托泥的高机式花架，造型古朴，立柱一般用方料，台面平齐无束腰，托泥有接地式的和下附矮足两种。

台座类在明代主要有灯台、镜台、梳妆台。首先我们来看明代的"灯台"，它的造型一般比较细高，我们较常见的形式有圆墩座或十字座上树立柱。在座与立柱之间施以雕花高站牙，柱顶为圆台式的灯托，托下置挂牙。另外还有一些制作精美的灯台，例如将灯台设计成可悬挂的吊灯或鹤形灯。

"镜台"（亦名镜支），是放在桌子上或

案子上的可随意挪动的小型梳妆台。其形式多为一小方匣，正面对开两门，门内装抽屉数枚，面上四围设栏，前方留出豁口，后沿栏板内，竖三至五扇小型屏风。屏风两端稍内收，围成弧形。正中摆设铜镜，不用时可以收起铜镜，把小屏风拆下放倒，还有的在上面做成盖子，使用时打开盖子，支起镜架，即可使用。也有的不用支架，而把镜子直接镶在盖子的里面，不用时盖好盖子，又如同一具匣子。一般镜台是放在内室中的，但上述的这种镜台，外出时还可以携带，使用非常方便。

"梳妆台"多与镜台配合使用，是置于内室使用的化妆品的搁置用具。明代的

明代黄花梨折叠式
镜台

明代黄花梨仕女观宝
图屏风

梳妆台功能齐全、结构合理，使用时将台面支起，将镜子放于镜托上。梳篦、脂粉等梳妆用品可以放置到下面的小屉中。不用时可以将台面放下，成为一个外形小巧精致的箱子。例如《明式家具中》的折叠式梳妆台，此台为正方体，边长 49 厘米，放平高度为 25.5 厘米，支起来后的高度为 60 厘米。台面中心的方格中雕作菱花型，下面有镜托，周围条格中分别雕一夔龙。台下置四矮足，足端成内翻马蹄。

（四）明代屏风的风采

屏风，凭借其特殊外型和功用，将居室堂厅布置得更加巧妙，使有限空间不致于一览无余，产生以小见大、藏而不露的效果。并且，它融浮雕、书画艺术于一体，是我国

明代天然绿石天狗戏
神龟屏风

独创的精美绝伦的艺术品之一。在家具业
不断精进发展的明代，屏风能屹立于家具
界而不倒，正是因为它既具有实用价值，
又具有美化环境的装饰功能。

　　明代屏风的款式、图案、色彩、质材
与工艺均极其讲究。在制作上，浮雕、透
雕、线刻、彩绘、镶嵌、书画、螺钿、刺绣、
包贴金属饰件等等手工工艺大量用于屏风
装饰，几乎每一种形式，都可以把任何一
种图案鬼斧神工般地移植在屏风上。明代
是我国家具民族风格发展的成熟时期，屏
风的质地也多种多样，如玉石、云母、琉璃、
竹藤、金属、木雕、石材、绢素、漆艺等等。

　　直至明代，从屏风的空间形式大体可

分为"座屏"和"折屏"两大类。"座屏"是把屏风腿插在底座上，也叫"硬屏风"。"折屏"即"多扇折叠屏风"，也叫"软屏风"。另外明代还出现了"挂屏"这种新形势。

"座屏"，俗称"插屏"，是主要用于遮蔽或挡风的家具，其下有底座，不能折叠。座屏有独扇，或三扇，或五扇，最多九扇，但都用单数所组成。"多扇座屏"的每扇之间用活榫衔接，可以随时拆卸。屏风下边框两侧有腿，插在座面的孔中。底座多为"八"字形，正中的一扇屏较高，并且稍微宽一些，两边扇稍向里收，这种形制有助于使屏风立得牢固。屏顶有雕花屏帽装饰，更加强了屏风的坚固性。屏座一般制成须弥式，座面下浮雕仰式莲花瓣，下为束腰，再下浮雕覆式

多扇座屏

莲花瓣。这里的仰莲和覆莲，又分别被称为上下"巴达马"。明中期以后，屏座横木下沿逐渐出现了"披水牙子"。晚明时屏风底座更有加宽变复杂的趋势。这些披水牙子在明万历年刻本的《南柯梦》和崇祯本《金瓶梅》的插图中都有体现，其形象优美成熟。

多扇座屏是先用木做框，然后在两面裱糊纸或锦帛等。屏框中心装饰手法很多，有木雕山水楼阁的、有镶嵌树石花卉的、有金漆彩绘、有直接嵌装书画和嵌挂骨牙珠玉等多种形式。这种屏风因体形高大，陈设居室正中的主要位置，一般比较固定。在皇宫中，多置于正殿明间，屏前设宝座、香几、宫扇等，屏风突出了屏前设置，形成了一种庄严肃穆的气氛，显示出皇权的至高无上。明代这类屏风，我们从明代帝后像中的明宣宗像和明世宗像中都可以看到。

刚才提到座屏中有"独扇屏风"，由底座和屏框两部分组成，它是把单独一屏框插在一个特制的底座上，底座用两块纵向木方制成。正中间安装立柱，两侧各用站牙抵夹。两立柱之间用横枨连接，而中

独扇屏风

金丝楠木围屏

间镶雕花绦环板（也叫鱼鳃板）。一般为两面雕花，如果屏框较厚的话，横枨则较宽，那么绦环板就必须要镶两块了。两墩之间前后装披水牙子。两根立柱的上留出一定长度后，在里侧挖出弧形凹槽。将屏框对准凹槽插下去，使屏框下边落横枨上。此时屏框便与底座连为一体了。这类屏风的外型有大有小，大的可放置门外用以挡门，它既起遮蔽、挡风作用，又使人一进门便赏心悦目；小一点的是案插屏，多置于大厅或殿堂中较大的条案上摆设。此类插屏以双面为好，屏面上附以山水风景内容，一般层次分明，由远及近，虽置身室内，却能起到开阔视野、消除疲劳的效果。有的小插屏长宽不超过20厘米，在居室、书房中陈设，精巧雅致，给人一种舒畅的感受。

"折屏"又叫"围屏"，为多扇构成，属活动性家具，最少两扇，最多可达数十扇，但都是双数。四扇称四曲，六扇称六曲，也有以多扇拼合的通景屏风。折屏可随意折叠，可宽可窄，每扇用活榫连接，也有的用绫绢裱糊连接，可拆卸。折屏有很强的向心力，多用于围合成较小的空间。这种屏风轻巧灵便，平时折合收贮，用时取出打开。这类屏

粉彩人物围屏

风多用较轻质的木材作框，屏心裱糊纸绢，并书画或刺绣各种山水风景、花卉翎毛、各种人物故事，有的则在屏心装裱名人字画、诗赋等等。在较大的厅堂内用以分隔空间，同时又起到很好的装饰作用，深受文人及官僚贵族的赏识。

南京博物院收藏的一件明清之际"十二曲园林仕女图折叠屏"，是折叠屏的典型。此屏通高 2.43 米，每扇屏宽 0.42 米，展开后总宽 5 米。此屏用上等杉木制作，在距上下端各 70 厘米处凿出横向通卯，穿以木条，形成上下两条暗穿带，用来防止屏板弯翘变形。平面上端封以镶边，下端以挖堂形式做出双腿和线脚。各屏扇之间用铰链相连接，每屏下端还分别雕出古玩，花鸟虫鱼等。通体以黑漆为底，正面是整幅园林仕女图，制作工艺极为精细。

挂屏

雅致的园林中，仕女的千姿百态显示出屏风的华丽明媚。屏风背面用雕漆手法刻出十二幅山水条屏，山水画的苍劲线条和笔法，对比强烈的色彩衬托出山水的雄伟气势。此屏堪称明清屏风的一项杰作。

"炕屏""桌屏"等较小些也都属于软屏风，炕屏多以木做框，两面用锦或纸裱糊，描画山水、人物、鸟兽等图画，也有的以锦作边，屏心刺绣花纹的。一般炕屏较重，桌屏较轻。小桌屏常置于几、案、桌之上，屏心多为大理石，利用石材的天然肌理组成的峰峦烟云，山林野趣之景，俗称"砚屏"，颇受文人雅士的青睐。

明代末期出现的"挂屏"，因悬挂在墙壁上而得名。一般成对或成组，例如：四扇一组称四扇屏，也有中间挂中堂，两边各挂一幅对联或一对挂屏的。

这些珍贵的屏风艺术品反映了我们祖先无穷的智慧，屏风工艺一直流传至今，凝聚了无数先人的智慧和精湛技艺，具有永恒的生命力。传统屏风经历千百年的发展逐步完善，极具传统气息，有很高的实用价值和审美价值。